本书受浙江海洋大学出版基金资助

深水网箱养殖生态系统与养殖环境容量

蔡惠文　蔡霞　著

地质出版社

·北　京·

内容提要

本书以深水网箱养殖生态系统为研究重点，介绍了海水网箱养殖系统相关研究的最新动态，构建了海水网箱养殖生态系统动力学模型，定量化地预测了养殖污染废物的产生排放规律，通过建立养殖环境容量模型获得了养殖污染物在水动力作用下的沉降、扩散规律以及环境容量，并对海水养殖可持续发展环境管理对策及发展模式进行了探讨。

图书在版编目(CIP)数据

深水网箱养殖生态系统与养殖环境容量/蔡惠文，蔡霞著.
—北京：地质出版社，2018.7
ISBN 978-7-116-11087-8

Ⅰ.①深… Ⅱ.①蔡… ②蔡… Ⅲ.①深海－海水养殖－网箱养殖－生态系统－研究 ②深海－海水养殖－网箱养殖－环境容量－研究 Ⅳ.①S967.3

中国版本图书馆 CIP 数据核字(2018)第 160610 号

SHENSHUI WANGXIANG YANGZHI SHENGTAI XITONG
YU YANGZHI HUANJING RONGLIANG

责任编辑：王雪静　蒋珣
责任校对：韦海军
出版发行：地质出版社
社址邮编：北京市海淀区学院路 31 号，100083
电　　话：(010)66554577(编辑室)
网　　址：http://www.gph.com.cn
传　　真：(010)66554577
印　　刷：虎彩印艺股份有限公司
开　　本：787mm×1092mm 1/32
印　　张：7.375
字　　数：160 千字
版　　次：2018 年 7 月北京第 1 版
印　　次：2018 年 7 月北京第 1 次印刷
定　　价：98.00 元
书　　号：ISBN 978-7-116-11087-8

(如对本书有建议或意见，敬请致电本社；如本书有印装问题，本社负责调换)

前　言

随着人类对水产品需求的增加以及养殖技术的不断提高和改进,海洋水产养殖业在世界范围内获得迅猛发展。海水养殖业带来巨大经济收益的同时,也随之产生了一些生态环境问题,如养殖区环境污染、种质退化、病害泛滥等。这些问题的出现不仅损害了经济效益,也严重制约了世界海水养殖产业的进一步发展,影响了绿色、健康、安全的水产品供应。面对海洋生态环境危机和世界水产品质量安全问题,详细深入地了解不同养殖生态系统的内部结构,剖析海水养殖与生态环境间的相互作用关系并对养殖环境容量进行探讨尤为重要。

本书以深水网箱养殖生态系统为研究重点,介绍了海水网箱养殖系统相关研究的最新动态,比较分析了网箱养殖生态系统污染负荷的评估方法,进一步构建了海水网箱养殖生态系统动力学模型,定量化地预测了养殖污染废物的产生排放规律,通过建立养殖环境容量模型获得了养殖污染物在水动力作用下的沉降、扩散规律以及环境容量,并对海水养殖可持续发展环境管理对策及发展模式进行了探讨。本书为生态系统水平的海水网箱养殖业可持续发展提供了重要的生态环境响应理论,为养殖规划决策提供了科学依据,对近岸海域的合理开发利用和海洋生态环境保护具有重要的社会意义和科研价值。

本书是在国家自然科学基金项目"网箱养殖生态系统污染负荷及其生态环境响应研究(41206088)",国家自然科学基金项目"离岸浮动型集成化多用途平台关键问题研究(51761135013)",英国工程与物理科学研究委员会(EPSRC)和英国自然环境研究委员会项目"Investigation of the novel challenges of an integrated offshore multi-purpose platform(EP/R007497/1)",舟山市科技局项目"基于物质循环的海水多营养层次生态养殖模式研究与示范(2015C41002)"以及浙江海洋大学出版基金的共同资助下完成。

　　本书的完成,离不开曾经赋予我智慧与力量的中国海洋大学的老师、同学,离不开浙江海洋大学领导、同事和诸位朋友的支持与鼓励,感谢学校提供的良好教学科研环境。同时,还要感谢我至亲至爱的家人自始至终无怨无悔的支持和鼓励。虽然远在他乡,但仍然感受到你们默默的源源不断的温暖力量!

　　尽管我力图全面剖析海水网箱养殖生态系统的各个相关方面,并尽可能以清晰、准确的方式将他们表达出来。但由于水平有限,书中存在的疏漏之处,真诚欢迎广大读者提出宝贵意见,以进一步促进海水网箱养殖事业的健康、可持续发展。

蔡惠文

2018 年 3 月于美国新英格兰大学

目　录

第1章

绪 论

一直以来,水产养殖在世界范围内都扮演着一个非常重要的角色,无论是对于提高社会经济效益,创造就业机会,还是提供大量的蛋白质都十分重要。然而,在欣喜于这些收益的同时,我们必须"正视"水产养殖产业迅速发展所带来的负面效应,并希望通过应用科学的工具和方法来减缓这些负面效应。本书将对水产养殖产业的发展,发展过程产生的相关生态、环境问题及其研究进展进行论述。

1.1　水产养殖业的发展

随着人类对水产品需求的增加以及养殖技术的不断提高和改进,海洋水产养殖业在世界范围内获得迅猛发展。世界水产业的产量由 20 世纪 50 年代的不足 100×10^4 t,发展到 2004 年的 5940×10^4 t,产值 703 亿美元(FAO,2006 年)。1950 年,我国海水养殖产量为零,进入 20 世纪 90 年代以来,海水养殖业发展迅速,产量从 1987 年的 192.6×10^4 t 增加到 1998 年的 860×10^4 t。据中国渔业统计年鉴(2000-2005 年),2004 年全国海水养殖鱼产量为 13167049t,其中深水网箱产量为 16245t,普通网箱产量为 244556t。海水网箱数量由 1994 年的 16 万只增至 2000 年的 70 多万只。

另据联合国粮农组织估计:到 2030 年全世界的平均鱼类产品消费量将由现今的 16kg/人上升到 19~20kg/人,再加上全球人口的不断增长,鱼类产品的需求量将达到 $(1.5～1.6) \times 10^8$ t,约占全球食用粮食总需求的 11%(FAO)。毫无疑问,海水养殖将在全球范围内继续扩大,以适应人类对蛋白质消费需求量的不断增加。然而,海水养殖业的快速发展也带来了一些值得注意的问题,如环境污染、种质退化、病害泛滥等。

1.2   问题的提出

在很多地方,养殖规模的大小往往由市场单一拉动或通过主观的人为推动,缺乏有科学依据的政策调控措施与养殖规划,养殖生产往往一哄而上,在一些过度开发、养殖量过大的海区,已出现海域环境富营养化程度的加剧和海域生态系统的失衡等问题。养殖环境的恶化反过来使得养殖生物自身也面临病害蔓延,死亡率升高,产品品质下降,产量降低等问题。环境污染已经成为日益突出、遍及全球的问题,也是目前制约世界水产养殖业进一步发展的最大问题。养殖环境问题成为从事水产养殖和环境保护的学者共同关注的热点。由环境污染问题导致的经济损失也越来越严重。据统计,2002 年,我国由于环境污染造成的渔业经济损失达 36.2 亿元(农业部,国家环境保护部,2003 年),按照目前污染情况加剧的趋势,渔业损失将继续增大。

沿岸城市工业污水、生活污水的排入及养殖自身污染,导致近岸水域富营养化,海洋生态环境恶化;养殖布局不够合理,内湾和近岸水域开发过度,而外海利用率较低;渔用饲料生产滞后于生产发展,未经加工的饲料利用率低,既浪费了资源,又污染了环境;缺乏高效、无副作用的药物,至今尚无根治病害频发的有效办法,造成巨大的经济损失;另外,港口航运、临海工业、海洋旅游业等已成为许多城市海洋经济发展的主导产业,沿岸渔业发展空间不断缩小。

近岸海域养殖生产发展中出现这些环境问题,在很大程度上是因为缺少对海域使用空间的合理规划,以及对海水养殖生产的规划。另外,一个非常重要的原因也在于缺乏有效的养殖环境管理方法和管理措施。而开展海域养殖环境容量研究的目的和意义正在于为养殖环境的管理提供一种科学的依据和技术支持。

随着养殖技术水平的提高,同时为海水养殖业寻找新的发展空间,目前的海水养殖正逐渐由近岸向深海发展,如深水网箱养殖。为防止再度出现像近岸海域水产养殖业一样的无序、过度开发状况,非常有必要在深海养殖业获得迅速发展之前,进行其养殖环境容量研究,从而为可持续养殖业的发展提供必要的科学支持。这也是进行本研究课题的重要目的所在。

1.3 养殖环境问题研究进展

随着各种方案的实施,目前点源污染已经逐步得到有效控制。与点源污染相比,面源污染因为排放地点不集中,时空范围大,其产生过程和成分比较复杂,难以获取其准确信息。而且面源对环境的影响具有很大的随机性,难以进行控制与管理。海上养殖面源、流动源的确定一直是海洋环境问题研究的难点。随着对海洋开发活动的深入,海水养殖产量和养殖规模逐渐扩大,养殖面源的发生量也越来越大,养殖面源的确定已经成为海洋环境污染治理中亟待深入研究的课题;养殖区底部沉积物中营养盐的内源释放对水体环境以及养殖系统本身都是一个潜在的污染源,但由于水体—沉积物界面间相互关系的复杂性,内源释放问题也迟迟不能解决;容量评估是进行资源管理的重要方法和有效工具,近年来,众多的研究者也一直在探讨如何将养殖环境容量作为对养殖环境进行管理的科学有效的依据,以及如何对该容量进行合理的定量化。下面从养殖污染负荷,内源释放以及养殖环境容量研究这三个方面的国内外研究进展进行评述。

1.3.1　养殖污染负荷研究进展

为了有效地进行养殖环境的管理,对养殖活动产生的环境影响进行预测,首要的问题就是确定水产养殖活动产生的污染物及其负荷量。由于养殖系统间的差别,难以用统一的方法来确定养殖面源负荷。

贝类养殖属于自然营养型养殖生态系统,不需要投喂饵料,在宏观上是一种物质输出(收获贝类)大于输入的活动,总体上减小了营养负荷。但是,被贝类摄食到体内未被同化的部分物质,将以粪便的形式排出体外,含有机物的贝类排泄物积累在养殖区的下部,造成对局部养殖水域的污染。

关于贝类排放污染物的估算,主要通过对研究海区内单个养殖贝类的滤水率、摄食量、排泄率进行现场测定或实验室测定,或者根据养殖品种在养殖海区的物质循环,用每个时期悬浮有机物的平均现有量表示养殖生物产生的污染负荷。

虾池塘养殖系统相对封闭和独立,按其养殖模式分为高位池、低位池、分级池、围塘养殖等。养殖过程中产生的大量有机污染物随着虾池废水的排放进入周围海域,形成对海域生态环境的污染。虾池养殖系统氮、磷污染物的产生量主要取决于该虾池的生产规模和生产水平。

与上述两种养殖方式相比较,网箱养殖属于开放式养殖系统,高饵料投入和系统开放是其主要特点。因此对其污染负荷的研究相对比较复杂,也比较困难。目前,主要研究方法有两种:①通过现场测定;②依据物质守恒原理开展研究。

Foy 和 Rosell(1991)是最早对养殖产生的污染负荷进行现场测定的研究者之一。他们对北爱尔兰池塘养殖虹鳟所产生的氮磷污染负荷进行了为期一年的现场观测,结果表明:每生产 1t 虹鳟,产生的总氮负荷和总磷负荷分别为 124.2kg 和 25.6kg。现场测定法的优点是可以直接获取数据,但是进行现场测定的过程较为繁琐,所耗时间比较长,而且需要大量资金的支持。另外,周围环境的变化将影响现场测定结果的准确性。相对于池塘网箱养殖而言,直接测定海水网箱养殖产生的营养负荷更加困难。

鉴于此,依据物质守恒原理(或质量平衡方程)进行间接推算是水产养殖污染负荷定量化研究的另一选择。该方法认为食物是养殖系统内产生废物的唯一来源,因而通过投喂食物的总量与被生物体所利用部分的差值来计算废物的产生量。即

进入环境的污染负荷=输入的饵料中营养物数量−输出的鱼体内营养物数量

Penczak、Ketola、Enell 等以该方法得出的氮磷污染负荷结果与 Foy 和 Rosell 的现场测定结果相吻合。Foy 和 Rosell 将通过质量平衡方程($Nutrient\ Loss\ rate = FCR \times Feed - Fish$)间接估算出的污染负荷与直接测定结果的比较显示:直接测定的总磷负荷是间接估算的 97.6%,总氮负荷是间接估算的 112.6%。

日本的竹内俊郎根据物质守恒原理提出类似的污染负荷计算公式为(竹内俊郎,1997):

$$氮负荷量 \ TN = (C \times N_f - N_b) \times 10;$$

$$磷负荷量 \ TP = (C \times P_f - P_b) \times 10$$

式中,

$\quad TN, TP$——分别为氮、磷负荷量(kg);

$\quad C$——增肉系数;

$\quad N_f, P_f$——饵料中的氮、磷含量(%);

$\quad N_b, P_b$——生物体内的氮、磷含量(%)。

Hakanson 等(1988)根据粪便中排出的有机物、氮和磷的量,通过鳃排泄的二氧化碳和氨的量来计算不同来源的营养物负载和能量收支,其原理仍是用质量平衡方程。

Lefebvre 等(2001)在研究法国大西洋沿岸集约化养殖鱼塘内颗粒有机氮和颗粒磷的质量平衡时,将来自于粪便中的营养盐含量、残饵中的营养盐含量、水流输入作为系统的营养盐输入项;输出项包括营养盐的沉降和通过水流输出的营养盐。对于残饵中的营养盐则根据饵料中的营养盐含量和残饵产生率计算;而粪便中的营养盐输出则根据消化率,粪便的溶解率等计算;随水流输入输出的营养盐主要根据水体中营养盐的含量确定。

在国内,黄小平和温伟英(1998)提出过类似质量平衡方程的氮磷污染负荷估算模型: $F_N = EE_N - YY_N$ 和 $F_P = EE_P - YY_P$。与竹内俊郎提出的计算公式不同的是,该负荷估算公式可以直接根据产鱼量 Y 和投饵量 E 以及饵料中和鱼体内的氮磷含量来计算。这对于在掌握大量养殖场的养殖产量和投喂量等资料的情况下尤为可取。贾晓平等(2004)根据质量守恒方程对广东沿海网箱养殖产生的氮磷负荷进行了估算。

基于物质守恒原理所获得的养殖污染负荷是对污染物产生总量的粗略估计,包括溶解于水体中的污染物和沉于海底中的固态污染物。许多研究结果已经表明:养殖产生的污染物对环境的影响主要在海底,其次才是对水体的影响。因此,要研究养殖过程产生的氮、磷污染物,除了得到污染物的产生总量外,如果能够分别得到溶于水中的污染物量和沉于海底的污染物量,分别研究固体废物的产生量、固体废物的影响范围、固体废物的积累对沉积层的影响、溶解态废物在水体中的扩散以及对水体的影响程度等都是非常必要的。据此,可以有针对性地提出减少污染物产生的有效措施,尽量减少对环境的污染。

张玉珍等(2003)以化学分析法、竹内俊郎法和物料平衡法三种方法对福建省九龙江五小川小流域池塘养鱼氮磷污染负荷进行估算,并对三种方法的适用条件进行了探讨。而对池塘养鱼池底的底泥中营养盐的释放则建议采用公式($S_c \times Q_2$)计算,其中S_c表示鱼塘底泥的浓度,Q_2表示挖出的鱼塘底泥体积。这对于估算小面积的池塘养鱼底泥营养盐释放是合理的,但对于大规模的池塘养鱼以及海洋中的网箱养殖,这将是不现实的。但这给我们提供了一个思路,即测量网箱养殖场底部沉积物的厚度和养殖产生沉积物的影响范围或影响面积,那么营养盐释放量为沉积物中营养盐的浓度乘以沉积物体积,其中需假定营养盐完全释放,实际上沉积物释放营养盐的速率往往受温度的影响较大(武晋宣,2005)。

舒廷飞等(2003)认为传统的网箱养殖氮磷负荷物质守恒法的估算,仅将投饵和养殖鱼体的收获作为该系统的物质输入和输出略显粗糙,应当同时考虑沉积于养殖区底部的残饵及排泄物的释放,并通过 Fick 定律计算底泥释放(或内源释放)的氮磷营养盐,所取得的成果很有意义。这是较以前的研究有所改进的一个方面。

另外,韩家波(1999)、陈祖峰(2004)、赵清(2004)、崔毅(2005)等对海水养殖对近岸海域产生的污染及污染负荷的研究方法进行过综述。

1.3.2　内源释放研究进展

在投饵式养殖系统中,往往有大量的残饵和粪便积累在底部,大量积累的有机物在微生物的作用下,会形成沉积物中营养盐向水体的释放,又称内源释放。内源释放一直是许多研究者比较关注的问题,同时也是研究的难点。国内外的众多学者针对沉积物与上层水体之间的物质交换和输送的规律以及影响营养盐交换过程的各种因素和机制开展了许多有价值的研究。

沉积物—海水界面的营养盐交换是水体中有机物和无机营养盐来源和去向的主要过程之一。由于沉积物和水体间元素浓度梯度的存在,使得沉积物—海水体系的组分保持一定的动态平衡,借以维持水体和沉积物内生物生态和化学体系的平衡。就整个世界大洋而言,海底沉积物输入上覆水体的活性磷酸盐、硅酸盐、氨氮及锰的通量分别为 3.8×10^{11} g/a、1.1×10^{13} g/a、1.0×10^{13} g/a、1.4×10^{11} g/a,占河流输入通量的 54%、2.2%、4.8% 和 40%。近岸海湾的海底沉积物中有机质分解释放出的溶解氮占水体浮游生物每天需氮量的 30%~100%,沉积物释放出的营养盐能提供湾内浮游生物需氮量的 80%、需磷量的 200%(宋金明,1997)。由此可见沉积物—海水界面化学质量转移之重要性。

与海气界面一样,海洋沉积物—海水界面是海洋中最重要的界面之一。沉积物中营养物质的再生对水体中营养物质的收支和营养盐循环动力学都有非常重要的作用。伴随着微生物的作用,有机物质的降解与矿化、沉积物中各种化学成岩反应,往往使得沉积物间隙水中营养盐浓度高于上覆水体,这些高浓度的营养盐通过底栖生物扰动、分子扩散、对流、沉积物的再悬浮等过程,参与水体—沉积物界面间的交换。对水体来说,沉积物犹如一个营养贮存库,在一定环境条件下,这个贮存库作为内源性营养物的供给源向水体释放营养物。

沉积物—水界面物质交换对生源要素(碳、氮、磷、硅等)物质循环的影响是中国近海高浊度海域的一大特色;富营养化海域沉积物的溶出甚至是海域生源要素的重要来源,在大多数河流筑坝拦沙后,硅营养盐的海底溶出尤其重要;沉积物特别是泥质物质的再悬浮、沉降和输运过程在一定程度上控制了营养盐的输运。在浅海环境中,沉积物再悬浮和输运极大地影响了海水中光的可获性和初级生产过程。因此研究沉积物输运和沉积物—水界面的物质交换规律,是全球海洋通量研究(JGOFS)、边缘海陆海相互作用(LOICZ)的重要命题。浅海底边界动力过程研究是正确估计底边界物质交换的前提,也是提高浅海初级生产预测能力的关键(魏皓等,2006)。

以氮为例说明营养盐在水体和沉积物之间的循环。沉积物中的含氮有机物在微生物的作用下矿化成氨氮进而氧化成硝酸氮,以及底栖浮游动物直接溶出的溶解有机氮,这些过程使得间隙水中的氨氮和溶解有机氮含量往往要比上覆水中的高出许多。同时,由沉积中脱氮作用生成的 N_2 或 N_2O 等气态氮,部分通过水体回到大气,另一部分则被底栖环境中的固氮细菌再次利用,参与生态过程。沉积物中的氮循环如图 1.1 所示。

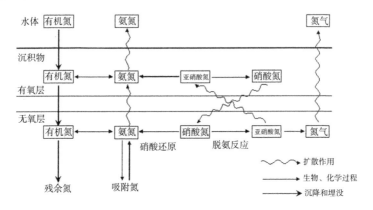

图 1.1　海洋沉积物氮循环

　　最初关于沉积物中营养盐的研究,较多的工作是有关沉积物中营养盐的赋存形态与含量的研究,以及不同环境条件下沉积物中营养盐释放的实验室试验研究。这些研究结果显示了沉积物在特定条件下有的表现为源的释放,有的表现为汇的吸附。而且研究发现,在发生动力扰动情况下,沉积物中营养盐的释放远较静态条件为大。

　　关于沉积物中营养盐的释放,在淡水富营养化湖泊研究中具有较长的历史,如对美国佛罗里达州的 Okeechobee 湖(Ccanfield等,1988 年),Apoka 湖(Carrick 等,1993),丹麦的 Lake Arresø(Martin 等,1992 年),日本的琵琶湖(Robarts,1998 年),中国的太湖(秦伯强等,2002 年;范成新等,2002 年;尹大强,张路)等的研究。Martin 等(1992 年)对 Arresø 湖表层沉积物受扰动前后可溶性活性磷的释放进行了比较发现:再悬浮过程在维持该湖中较高的营养盐水平中扮演着重要的角色,再悬浮增加了水——沉积物界面间的磷通量,再悬浮过程导致的磷释放量是未受扰动时释放量的20~30 倍。对美国佛罗里达州的 Okeechobee 湖研究中,也发现了类似的情况。实验室研究发现,对氨氮而言,悬浮作用(悬浮+扩散)造成的上覆水营养盐浓度增加可以达到单纯由扩散产生的营养盐浓度的数十倍。Robarts 等(1998)跟踪观测了日本琵琶湖在强台风作用下水体中磷含量的变化,风浪产生的扰动作用使湖体内源负荷明显增强,台风过后水体溶解活性磷含量提高了 2.5 倍。在关于太湖沉积物营养盐内源释放的研究中(秦伯强,2002;范成新,2003;秦伯强,胡维平等,2003)发现:浅水湖泊——太湖水土界面处物质交换主要发生在 $5\sim10cm$ 的表层沉积物中。无风情况下,沉积物中营养盐的释放主要靠浓度梯度,当有风浪作用时,将导致沉积物大量悬浮,沉积物中的营养盐得以释放。秦伯强等计算出导致底泥悬浮的临界切应力和临界风速,估算了太湖一次大的动力过程可能造成的内源释放的最大数量,并提出有关大型浅水湖泊内源释放的概念性模式,取得了重要的研究成果。

多年来,人们在湖泊水体再悬浮的环境效应方面已有许多积累。如建立了与悬浮态颗粒物在水体中运动相关的模型,模型中涉及扰动的产生原因(如再悬浮、生物活动等)、再悬浮对营养盐的分配、生物生长的影响等,但从动态角度定量研究再悬浮物与内源负荷的关系未能涉及。这种动态释磷过程是物理、化学还是生物作用为主的问题也未给出研究结果。

沉积物与水体的物质交换主要通过扩散来实现,交换的强度主要取决于沉积物间隙水中的营养物质浓度梯度。刘素美等(1999)对沉积物中分子扩散系数的几种测定方法进行了综述。主要包括直接测定法、示踪培养测定法、通过测定沉积物和分离出的间隙水的电阻来推算扩散系数以及放射同位素法测定海水和沉积物的扩散系数。为了定量化沉积物与水体之间的物质交换，Garban 等采用了两种技术：①利用芯式取样或渗析法取样测量间隙水中氮和磷的垂直分布，计算沉积物—水界面间的分子扩散；②利用水下钟罩法测定界面间的氮磷总体交换量。

自 20 世纪 90 年代以来，Shanhan、Vlag、Blom、Lijklema 等开始用数值实验的方法来研究水动力作用对湖泊及海湾中底泥再悬浮的影响，出现了基于水动力学的湖泊或海湾沉积物冲淤与悬浮的模拟模型。

由于底泥的冲刷再悬浮涉及紊动影响下污染物的释放等复杂过程，其研究方法尚不成熟，仍在发展中。蒲迅赤等（1999）利用专门设计的紊动诱发装置，对不同紊动强度水体进行了紊动对有机物生物降解影响的实验研究。周孝德等（1994）研究了紊动对河流悬浮泥沙重金属释放的影响，发现重金属的释放主要取决于水流挟沙能力和紊动强度。李一平等（2004）在环形水槽内模拟了水动力条件下底泥的起动规律，分析了底泥运动的不同状态，以太湖为例建立底泥中总氮、总磷的释放通量与水体流速大小之间的关系，将底泥释放率进行了参数化。褚君达和徐惠慈（1994）曾对河流底泥的冲刷沉降及再悬浮问题进行了系统的理论及实验研究。将环境水力学、泥沙运动学及水化学相结合进行研究,从水流中污染物的对流扩散方程出发,通过理论推导得到包括底泥冲刷及沉降、底泥释放等因素影响的水质基本方程,通过实验确定方程中的有关因素,用实测资料验证,取得较好的结果。Nakamura 和 Stefan 提出了一个沉积物耗氧模型(SOD),利用边界层的概念将 SOD 与上覆水流速及溶解氧浓度联系起来。Mackenthun 和 Stefan 通过室内实验研究了水流流速对沉积物耗氧的影响,研究表明,SOD 能随流速显著增加。国内对胶州湾和大亚湾等地的沉积物—海水耦合研究也进行了一些初步的工作,对东海、黄海也开始这一领域的研究(宋金明,1997)。

海洋沉积物的间隙水作为联系海底沉积物与上覆水营养物质的重要媒介,反映了海洋底质的地球化学循环状态。海洋中沉积物的再释放研究,多数仍停留在借鉴淡水湖泊沉积层释放的方法,主要采用间接的计算方法,如 Fick 扩散定律方法。实验室培养法也是沉积物—水界面营养盐交换通量的一种常用测定方法。前者与现场实际较接近,但无法克服水体中颗粒物的沉降补充和表层沉积物再悬浮对营养盐底界面交换通量的影响,且暗处培养过程抑制了底栖植物对营养盐的吸收,使其与现场实际有差异。在底栖生物扰动作用较弱的地区,利用这两种方法得到的结果非常一致,而在底栖生物扰动较强的地区由于生物扰动等常使扩散通量计算的结果相对实验室培养法得到的结果低 1~2 个数量级。

用扩散通量法研究沉积物—水界面营养盐的交换通量时,表层沉积物分割厚度往往对界面交换通量影响显著,为了得到合理的与现场接近的结果,表层沉积物的分割厚度以不超过 1cm 为宜。

蒋凤华等(2004)以实验室培养法测定了溶解无机氮在胶州湾沉积物—海水界面上的交换速率和通量。结果表明,溶解无机氮在胶州湾沉积物—海水界面上的交换以 NH-N 的扩散为主(这主要是由于沉积物间隙水中溶解无机氮主要以氨氮的形式存在并且浓度比较高),在大部分点位表现为由沉积物向水体的释放。DIN 在胶州湾沉积物—海水界面上的交换通量为 $9.68 \times 10^8 mmol/d$,是河流输入 DIN 的 50% 左右。陈洪涛等(2003)对渤海莱州湾磷酸盐的界面交换通量进行了现场培养研究,生物活动对磷的交换通量影响显著。玉坤宇、刘素美等(2001)对胶州湾和渤海的海洋沉积物—水界面的营养盐交换过程进行了研究发现,沉积物—海水界面营养盐的交换方向和交换速率与间隙水和上覆水中营养盐的浓度、氧化还原条件有关。刘素美等(2005)对渤海中部进行了沉积物—水界面营养盐交换通量的研究,建立了沉积物中营养盐的成岩模型,并由此计算了沉积物—水界面营养盐的交换通量,并与实验室培养法和扩散通量计算法测得的沉积物—水界面营养盐的交换通量进行了对比。戚晓红,刘素美等(2006)对东海、黄海沉积物—水界面营养盐交换速率进行了研究,并与其他近岸海域进行了比较。

在大规模养殖海湾,开展海底沉积物与海水界面间的通量研究,不但可以详细了解营养物质和能量在浅海养殖系统内的流动与平衡,而且可以了解底部营养盐的释放对养殖区水体环境污染的影响。

海底沉积物是各种物质的源和汇,养殖环境中沉积物与水界面之间的物质交换是某些养殖系统中营养盐的重要来源,但有些物质,尤其是当该物质的浓度超过一定限值时,会对养殖生物形成潜在的毒性。如上所述,有关浅水湖泊和海域沉积物—水界面的营养盐扩散通量,国内外已有许多报道,但关于水产养殖系统中该通量的研究还比较少。已有的针对养殖区底部沉积物—水体界面间的营养盐交换研究主要是通过 Fick 定律方法、现场测定法或直接培养法等进行的估算。

蔡立胜,方建光等(2004)利用 4 个航次的数据,使用 Fick 第一定理对桑沟湾养殖海区沉积物—海水界面营养盐的通量进行了估算。张学雷,朱明远等(2004)通过直接培养测定,对贝类养殖规模较大的桑沟湾和胶州湾夏季的沉积物—水界面营养盐通量进行了初步研究。并将研究结果与不同海湾河口的沉积物—水体界面的营养盐通量进行了比较。舒廷飞(2003)采用间隙水梯度法估算了哑铃湾网箱养殖区底泥中营养盐的释放,通过实验,对数据进行相关的拟合分析,建立了哑铃湾海域相应的底泥释放通量和养殖年限之间的函数关系,得出了较为具体的养殖污染负荷计算公式。

香港的蔡景华(2002)构建富营养动力学和沉积物—水体相互作用基础上的水质动力学模型,描述了水体中的生物化学过程和沉积层中的动力学过程。为预测长期的平均水质状况,将活性沉积层(一般很薄,厚度一般小于 1cm)和其底部的厌氧沉积层作为一个整体的厌氧层来考虑,把水体和沉积层之间的相互作用看作是一级关系。但该文中对沉积物动力学的考虑仅仅是有机物在厌氧细菌的降解作用下释放出的营养盐通过间隙水扩散进入到上覆水中的量。Lefebvre(2001)为了确定 1997 年到 1998 年养殖期间扩散通量占养殖期间产生的总溶解性氮和磷的比例,对法国大西洋沿岸集约化池塘养鱼场沉积物中的氮、磷营养盐通过沉积物—水界面向水体的交换进行了研究。颗粒有机氮和有机磷扩散通量的模拟通过基于现场间—隙水浓度曲线的经验温度函数公式确定,将氨氮和磷酸盐的扩散通量以温度的函数来表达。颗粒有机氮和颗粒磷在沉积层中的含量在夏季降低,在冬季升高。由于该养殖池塘水动力条件的特殊性,扩散通量随温度的增加呈指数增加,从而可以解释扩散通量在一年内不同季节间的变化。该研究没有关于底栖生物扰动对扩散通量的影响描述,因此简化了海水—沉积物界面过程的描述。

1.3.3 养殖环境容量研究进展

1.水产养殖管理模型

自 20 世纪 80 年代后期,各种现场研究和数学模型都应用于对海水养殖地区的水质研究,其目的是为海水养殖的生产提供有效的管理工具。

最早对海水养鱼场进行定量化管理的工具是 LENKA 程序。1987 年到 1990 年,挪威政府建立了"国家海岸带和河流水产养殖适宜性评估 LENKA 程序",来评估养殖水域最大有机物负荷量、养殖可利用空间基础上计算沿岸水域潜在的养殖容量(Ibrekk,1991)。虽然 LENKA 程序在规划方面的确具有很大的潜力,但还是没有成为水产养殖业或一般海岸带管理的重要规划工具。

第一次通过模型技术来估计水产养殖对环境影响的是 Gowen(Gowen et al,1989),他构建了一个简单模型来预测养殖产生的颗粒废物的水平扩散距离和沉降位置。该模型中包括的参数有水平流速、垂向沉降速度和水深,而且假定:①网箱处的水深为常数;②沉降废物沉入海底后没有再悬浮。在没有其他预测方法的情况下,此模型可用于简单的养殖环境影响预测和养殖场选址。然而该模型具有以下缺点,如仅用水平流速 Cv 不能描述流速的空间变化;水深采用常数也不能反应研究海区的底地形变化。而且,该模型不能解释沉降废物在风浪、潮流作用下的再悬浮以及其随后的降解过程,而这些正是比较有价值的课题研究方向。

Kishi 等(1994)在日本建立了一个用于水产养殖管理的数值模型。该模型包括一个三维潮流模型,由余流场驱动的 COD 扩散模型,包括水面复氧、鱼类呼吸、有机物分解、底栖分解以及光合作用产氧等过程的溶解氧扩散模型,计算由养鱼场养殖产生的沉积物分布的积聚模型。将该模型用于 Mikame Bay(米卡米湾),计算结果与实测取得良好一致。然而,该模型的缺陷在于没有包括营养盐的动力过程。

Panchang 等(1997)和 Dudley(2000)利用实地调查资料和数学模型(aquaculture waste transport simulator,AWATS)对美国东北部缅因州的网箱养殖废物进行管理。使用二维垂向平均潮流模型和粒子追踪模型确定固体废物的扩散,在废物输运模拟中,残余饵料颗粒和粪便均以颗粒物代替。随着环境中氧的减少,颗粒物的数量随着模拟过程呈一级指数衰减。而且研究发现,废物扩散和沉积分布对临界剪切应力(或沉积废物的再悬浮速度)非常敏感。尽管上述两个研究的模型中考虑了沉积物,但水体和海底沉积层之间的相互作用并没有涉及。而且,仅考虑了单个污染物——固体颗粒物。

据 Lee 报道(1991),为分析现场调查的结果,在香港 Yue Shue Au 养鱼区建立了动态氧收支模型,量化养殖区内由于氧的产生和氧消耗过程导致的溶解氧变化。模型中包含浮游植物动力学(光合作用产氧及呼吸耗氧)过程,沉积物氧需求 SOD,养殖鱼类呼吸,碳和氮的氧化,表面复氧等过程。研究发现,在养鱼场,沉积物氧需求和藻类的呼吸是主要的耗氧因素。该研究结果是为短期溶解氧预测而建立的实时水质模型的基础。实时水质模型给出了随时间变化的溶解氧、叶绿素 a 和营养盐水平,但难以评价水产养殖活动的长期影响,并且难以选择一个特定的环境条件来确定水体的环境容量,该模型并不适于对海水养殖活动进行系统管理。

在实时水质模型的基础上,Lee 和 Wong(1997)建立了一个准稳定模型来预测长期(季节)平均水质状况。从现场研究和实时模型来看,在恶劣天气和周围水体条件下,严重的氧消耗将会在短时间内(低于一天)发生,但显著的溶解氧降低并不能代表溶解氧水平的平均状况。为此,定义了"潜在溶解氧下降(PDOP)"来代表一天内除表面复氧外没有其他产氧过程情况下的溶解氧消耗率。可以将这种简单模型作为一个工具来鉴别不同养殖场的适宜性,并确定该养殖场的最大允许的氮负荷。然而,该模型没有包括水体和沉积层之间的相互作用,而这对网箱养鱼场来讲是一个重要组成部分。

2.养殖环境容量研究

容量评估是进行资源管理的重要方法和有效工具,近年来众多的研究者也提出将环境容量用于水产养殖,并一直在探讨如何将养殖环境容量作为对养殖环境进行管理的科学有效的依据,以及如何对该容量进行定量化。但因为缺乏关于水产养殖产生的废物和其环境影响之间因果关系的资料,并且要获取和应用这些资料需要大量的费用。迄今为止,养殖环境容量还没有从真正意义上被广泛应用于水产养殖的管理,而且关于如何确定合理的养殖环境容量的探讨仍在继续。在水产养殖活动中,将养殖生产限制在环境所允许的容量范围之内,使养殖生产所产生的污染物控制在环境容量之下是养殖生产保持可持续发展的前提条件。

Beverage(1984)在当年的粮农组织渔业技术条件报告"网箱养殖:容量模型和环境影响评价"中对内陆水域淡水网箱养殖的

环境容量进行了评估。考虑到磷是导致水体富营养化或有害赤潮发生的重要影响因子，将磷负荷作为养殖产生的废物中最重要的有机污染组分，对集约化罗非鱼养殖和虹鳟养殖产生的总磷负荷进行了量化。应用 Dillon 磷负荷模型预测了集约化网箱养殖对环境的影响。

在"多尼戈尔郡马尔罗伊湾养殖环境质量和环境容量"报告中，Trevor Telfor 和 Karen Robinson 将环境容量定义为：某一特定标准下，环境可承受的养殖产量，考虑到维持水产养殖所需要的各种因素，认为所有的容量模型都必须考虑以下几个方面：①什么决定了环境的生产力；②养殖生物（有机体）消耗的食物量是多少或者产生的废物量是多少；③环境是如何响应废物污染负荷的；④所允许的变化量是多少。并且将这些因素作为容量评估的因子。本报告以两种方法估计 Mulroy Bay（马尔罗伊湾）的容量，一是通过计算可利用的食物量来估计湾内的两种贝类的可持续发展水平；二是根据系统内的物理—化学过程，根据系统的氧需求估计其容量。系统内氧收支的估计取决于水体和沉积物对氧的需求。沉积物耗氧和水产养殖生物耗氧是水体中溶解氧的净消耗过程，系统的产氧过程则主要是浮游植物生产和大型藻类的产氧。据分析，湾内系统的产氧量大于耗氧量，因此，养殖生产影响在可接受的环境质量标准内，目前的生产水平仍在环境的容量之内。该报告中没有包括潮流和风的作用对系统的增氧过程，而耗氧也没有考虑陆地排污,农业生产排污等通过其他途径输入的营养盐的耗氧过程,而且仅以养殖生产所需因素(如溶解氧)作为容量评估的因子。因此,对容量的估计是粗略的,还需要多方面、多角度的综合考虑来提高容量预测的准确性。

在联合国海洋环境保护科学问题专家组(GESAMP)的报告《海岸带水产养殖可持续发展的规划与管理》中提出:在水产养殖情况下,环境的容量与某一指定区域(如一个海湾,潟湖,河口湾,峡湾湖)的关系可被解释为不会引发富营养作用的营养盐增加速率;不会严重破坏自然底栖过程情况下,有机物向底栖环境的输入通量速率;不会造成本土生物群死亡的溶解氧损耗速率。而且,报告中把对估计容量的一般方法分为三个阶段:①根据可测变量确定在某一特定区域或地区内环境可接受的变化极限;②确定水产养殖与可测变量之间的关系;③计算不突破环境可接受极限情况下的最大养殖生产水平。以"效果"为基础的返算法可被用于确定可测变量的允许接受水平。

Wu(1999)曾通过数值模式确定香港企岭下海养鱼区的容量。以一个二维两层水动力模型计算半封闭海湾的潮流、以三维潮平均水质模型来预测研究水体的水质状况。根据一定鱼类放养量水平产生的营养负荷和其他来源有机物输入,计算了以营养盐、溶解氧和 BOD 为代表的各项水质参数水平,并与可接受的水质目标进行了比较。但该研究仍然是对海水网箱养殖影响的预测与评价,并没有对研究区域的容量进行准确的量化,也没有给出确定容量的一般方法。另外,该研究没有考虑底栖沉积层与水体之间的相互作用,营养盐的输入中没有包括来自沉积层的释放。

在国内,对于养殖环境的关注是近十年来才逐渐得到重视(图 1.2)。而且最初关于容量的研究大部分是从事水产养殖的学者进行的养殖容量研究。他们所关心的主要是养殖生态系统的容量,即养殖容量(aquaculture carrying capacity),是容量概念在水产养殖上的应用。

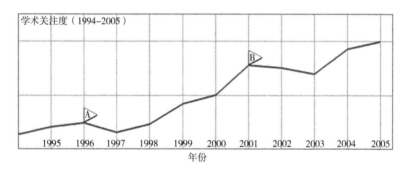

图 1.2 对养殖环境的学术关注度统计

李德尚把水库对投饵网箱养鱼的养殖容量定义为:不至于破坏相应水质标准的负荷量(李德尚,1994),该定义中加入了生态环境因素,完善了 Carver 和 Mallet 关于贝类养殖容量的定义"对生长率不产生负面影响并获得最大产量的放养密度"。特定水域的养殖容量具有动态特性,不仅受养殖系统内外理化因子和生物因子的影响,而且还包含环境、生态和经济等多种因素。董双林等(1998)将养殖容量定义为:单位水体内,在保护环境、节约资源和保证应有效益的各个方面都符合可持续发展要求的最大养殖量。杨红生(1999)把浅海贝类养殖业的经济、社会和生态效益结合起来,将养殖容量定义为:对养殖海区的环境不会造成不利影响,又能保证养殖业可持续发展并有最大效益的最适产量)。刘剑昭(2000)则把养殖容量定义为:特定的水域,单位水体养殖对象在不危害环境,保持生态系统相对稳定,保证经济效益最大,并且符合可持续发展要求条件下的最大产量。方建光等(1996)对桑沟湾海带和栉孔扇贝养殖容量的研究,李德尚,董双林等(1998)关于对虾养殖容量的研究等均取得了卓有成效的结果。

朱良生等(1996)从环境角度,将海湾或沿海水产养殖环境容量理解为:水域在它的功能规划和用途确定的水质指标及水动力条件下所能承受的水产养殖纳污量。并对大亚湾大鹏澳水产养殖环境容量进行了数值预测。黄小平等(1998)利用数学模型模拟了上川岛公湾海域环境对其网箱养殖容量的限制情况。舒廷飞(2002)对哑铃湾网箱养殖区的水环境特征,水体内营养物质的转化循环等进行了分析研究,并对网箱养殖环境经济学进行了研究(包括网箱养殖完全成本模型的建立和网箱养殖可持续容量的计算),取得了非常有意义的成果。关于浙江省重要养殖基地之一的象山港的养殖环境容量也已开展了一些研究(宁修仁等,2002;蔡惠文,2004)。宁修仁等(2002、2005)对象山港、乐清湾、三门湾的养殖生态特征,主要养殖生物的生理生态特征和能量代谢与收支研究以及养殖容量都进行了较为系统全面的研究。关于养殖容量的研究主要是在潮流数值模拟基础上,以无机氮为指标,分别进行了养殖区布局模拟,增加养殖面积模拟,养殖容量模拟及养殖密度模拟。宁修仁等的研究主要是对容量宏观上的整体估算和把握,对宏观的规划有较为重要的意义,在具体实施中尚有一些不确定的因素,但毕竟是迈出了非常重要的一步。

无论对于环境容量的概念描述是否相同,但定义环境容量的原则是相同的,首先是海洋对于营养盐或污染物有一定的容纳量,其次是当容纳了这些营养盐或污染物后,海洋生态系统依然可以维持平衡,或海水水质依然可以达到所制定的标准。养殖环境容量的定义不应当单纯从养殖生态和养殖经济角度来解释,还应该包含物理海洋学、环境生态学、生态动力学等,是一个多学科交叉的科学命题。从生态学角度理解,水产养殖环境容量应该是一个有限的随时间变化的参数。因为,每一个特定水域不可能无限地提供外部条件,让水产养殖生物可以无所制约地生长;而且,由于环境中各因子的相互作用、相互制约,使得某特定养殖水域只能在合理的承载限度内,寻求一种最佳的科学利用及生态平衡的负载能力。在进行养殖环境容量的确定时,需要从环境保护的角度,防止养殖生产对环境的过度污染,但也不能抛开经济效益的层面,这也就是经济与环境协调发展的问题。海域养殖环境容量不是一个孤立的概念,应该与其他因素和用海产业(如在海岸带迅速发展的港口航运、临海工业、海洋旅游业等)密切相关,具体来讲应该是一个包含着优化思想的概念,与其他使用同一片海域的产业之间的协调进行优化。如果在功能区划定的养殖区内，养殖环境容量的确定可以以周围的环境标准和养殖生物生态为约束来确定。

1.3.4 小结

总的来说，国外关于养殖环境污染影响的研究开展得比较早、比较广泛、也比较成熟，如挪威、瑞典等北欧沿海国家，对养殖环境影响的预测研究也已取得了很大的成果，但这项研究工作毕竟是一项跨学科的、复杂的工程，尤其是对开放式海水网箱养殖系统的研究，还存在许多不完善之处。如由于养殖环境污染负荷的定量化涉及许多物理、化学以及生物等过程，其研究受多种条件的限制，十分复杂，现有的养殖环境污染负荷的估算，在基础资料获得、评估方法的选择上都存在着粗略性；在确定固体颗粒废物的沉降速率时，因难以区别残余饵料颗粒和粪便颗粒，往往采用平均颗粒沉降速率等。这都造成对污染影响估算的误差。

与国外广泛应用的人工配合干饲料相比，鲜活杂鱼或冰冻杂鱼是亚洲沿海地区网箱养殖所投喂的主要饵料，这种饵料所含水分较人工饲料多。因此，在应用物质守恒原理进行养殖污染负荷研究时，如果仍然利用传统的饵料转化率进行计算，所得结果将与实际情况有较大的出入，这将影响养殖环境污染的研究。因此，应该针对不同地区的不同养殖模式，不同的养殖品种做相应的改变与调整。

由于物质平衡方法进行养殖污染物产生量的估计也存在一些不准确因素,因此,为了更具体的了解养殖产生的污染物对环境的影响,国内外一些学者,根据污染物的主要产生来源,从不同角度、不同方面进行了更多、更细致的研究,将粒子追踪技术以及各种数学模型等应用到这些研究中来。

以往的研究通常认为磷是导致水体富营养化或造成有害赤潮出现的主要因子,所以将其作为研究养殖对环境的影响因子。还有一些研究关注溶解氧的变化,以氧的收支平衡作为养殖环境容量的限制因子。现在,越来越多的关注目光投入到水产养殖尤其是投饵网箱养殖产生的废物对底栖沉积环境的影响中,意识到对底栖环境的影响作用是巨大的,而且是累积性的。而且沉积物是一种潜在的污染源,长期的沉积环境恶化,将释放出氨、硫化氢等有毒气体,危害养殖生物。但目前的许多研究模型,考虑水体和沉积层之间的相互作用对养殖环境影响的较少,而这对投饵网箱养鱼系统来讲是影响其容量的一个重要组成部分。

关于养殖环境容量的研究,往往存在一些假设,含有一些不确定因素,仍有许多方面需要继续探讨,大多数的模型仍然主要适合于对养殖影响的预测与评估,研究成果尚不能更好地参与政府对海域使用规划的决策或政策的制定,降低了养殖环境容量在进行养殖环境规划与管理中的实际应用价值。

　　针对水产养殖过程中出现的环境问题,从可持续水产养殖管理服务角度出发,对网箱养殖污染负荷的确定进行了讨论,探讨了海岸带网箱养殖环境管理和养殖环境容量研究的方法,在国内外研究基础上,构建了由水动力模型、物质输运模型、粒子追踪模型、沉积物再悬浮模型组成的养殖环境容量研究模型,并应用于胶南琅琊湾海域深水网箱养殖,对生产过程产生的溶解态和颗粒态废物对环境的影响分别进行了预测。

第 2 章

网箱养殖污染负荷的定量化评估

　　水产养殖分为自然营养型养殖系统和人工营养型养殖系统。人工营养型养殖系统需要投入大量的饵料,这种人为的介入,使得养殖环境中的营养盐形态和含量发生变化。本章就养殖水体环境中两种重要的营养盐——氮和磷的平衡进行叙述。

2.1　养殖水体中氮磷营养盐的平衡

2.1.1　养殖水体中氮的存在形态

天然水体中,氮可以 N_2、NH_3、NH_4^+、NO_2^-、NO_3^- 以及尿素、氨基酸、蛋白质等形式存在。在生物及非生物因素的共同作用下,它们在水体内不断地迁移转化,构成一个复杂的动态循环。在养殖水体中,由于人为的干扰和介入,使得养殖水环境中氮的形态特征和转化过程发生了较大改变。

赵卫红等(2004)在烟台四十里湾对养殖水域氮的存在形态进行调查研究发现:该养殖环境中溶解有机氮为主要存在形式,且以氨氮为主。溶解态氮的含量及其在总氮中的比例从春季到冬季逐渐升高,颗粒氮的变化正好相反。另外,吴庆龙等(1995)对大面积网围精养的水环境的研究发现:网围水环境中无机氮主要以氨氮为主,而 NO_3-N、NO_2-N 所占比例很小,大量的氨氮主要来源于养殖鱼类的分泌物和排泄物。另有很大一部分有机氮是以残饵、粪便等悬浮物形式存在的。

另有许多研究表明,在养殖水体中,特别是在8~9月份高温期间,氨氮的含量可构成有效氮组成的50%~90%。除了因为养殖生物产生的大量排泄物中含有较多氨氮外,在夏季,养殖水体中溶解氧含量较低,也会导致水体中的硝化作用过程减弱而生成NH—N和NO—N。

2.1.2　养殖水体中氮的平衡

根据养殖水环境中氮的循环,在一个养殖周期内把养殖水体看成一个整体,计算氮的物质平衡,这样既可以说明养殖生态系统中氮元素的归宿,进而评价不同氮来源的相对重要性,又可以了解虾塘中氮的迁移转化,估计养殖水环境的污染负荷及饵料和食物的利用率,为水产养殖提供科学指导。对于氮的收支平衡,国内外许多学者都进行了大量的研究,在不同的环境和养殖条件下得出了各种平衡模式。在国内,齐振雄、李德尚等(1998)用池塘围隔进行实验得出氮的收支方程为:

饵料(49.7%~54.5%)+肥料(47.5%~50.1%)

=对虾收获(9.06%~11.5%)+沉积氮(19.4%~64.6%)

+渗漏氮(5.0%)

由此可见,在该实验中,氮的利用率为5.76%~9.71%,其单养虾池生态系统氮的利用率是很低的。另外,在氮的收支中,由于本实验水体中蓝藻很少,故没有考虑固氮作用,而且实验期间,水中 NH-N 和 NO-N 含量很低,再加上有搅水机不断搅动,缺氧情况几乎没有发生,解氨及氨的挥发作用也很小。

杨逸萍等(1999),根据实验虾池的实际情况和现场监测数据,把精养虾池视为封闭体系,运用"积累法"估算精养虾池氮的收支,结果如下:

虾苗(<0.1%)+进水(5%～7%)+饵料(87%～92%)+施肥(3%～5%)=漏水(5%～7%)+虾收获(19%)+沉积物(62%～68%)+池水中氮(8%～12%)

由此可见,人工输入的氮占总输入氮的 90% 左右,总输入氮的 19% 转化为虾体内氮,其余大部分(62%～68%)累积于虾池底部中,此外,还有 8%～12% 以悬浮颗粒氮、溶解有机氮等形式存在于池水中。

在国外,Paez(1998)对墨西哥西北部近海虾塘养殖 N,P 的浓度进行调查研究,并根据总营养物质的质量平衡提出了 N,P 的物质平衡模型。其中 N 的平衡公式为:

$$L_N = FC_{FN} + fC_{fN} + IC_{IN} - HC_{HN}$$

式中:L_N——环境中氮的损失量;

C_F——饵料中的含量;

C_{fN}——肥料所含氮量;

C_{IN}——输入水体氮的含量;

C_{HN}——收获虾中氮的量。

L_N 随着收获量的增长或饵料、肥料、输水率的减少而减少。

该模型的特点是比较简单,也便于计算。显然 Paez 将虾塘看作一个整体(包括水体和底泥),只考虑氮的输入和输出之间的关系,并把收获虾中的氮看作氮的回收,把沉积物富集的氮和随水流失的氮看作氮的损失,该式从侧面反映了养殖过程中饵料和肥料的利用率。

同时,Funge－Smith 以及 Paez 也分别对精养虾池的氮收支做了细致的估算,在 Funge 的模式中,氮的收支方程为:

饵料(78%)＋底泥释放(16%)＋肥料(1.8%)＋换水输入(4%0)＋降雨(0.12%)＋地面流入(0.03%)＋放养幼虾(0.02%)＝底泥沉积(24%)＋换水输出(17%)＋成虾收获(18%)＋收获排水(10%)＋渗析(0.1%)＋去氮作用和氨挥发(30%)

在 Paez 的模式中,氮的收支方程为:

饵料(55.9%)＋换水输入(24.6%)＋肥料(19.5%)＋放养幼虾(小于 0.1%)＋其他＝底泥沉积(未知)＋换水输出(11.2%)＋成虾收获(22.7%)＋氨挥发(65.7%)＋浮游生物同化(0.4%)

两个方程的左边都为氮的收入,右边为氮的支出。从以上两个方程我们可以看到,对于虾池来说,不同的养殖地点和养殖方式,其氮的输入输出各项所占百分比的大小是有差别的,Martin和 Lefebvre 等在研究不同养殖密度对虾池中的物质平衡方程也证明了这一点。但是,其输入输出方式或者说输入输出项基本上都是大同小异的。

另外,Teichert 等(2000)对 Honduras 半精养虾池进行了模拟实验,得出在该虾池中,氮的主要输入是引入水(63%)和饵料(36%),主要输出是排水损失(72%)和成虾收获(14%),约有 7% 的输入氮被虾池中其他生物所固定或吸收。Gross 等(2000)也对鲶鱼养殖池中氮的形态和平衡进行了研究,发现在饵料占输入氮总量的 87.9% 的鲶鱼池中,氮的损失主要是鲶鱼收获(31.5%)、去氮作用(17.4%)、氨的挥发(12.5%)和底泥富积(22.6%)。在这个实验中,测得池中平均硝化作用为 70mg/(m² · d),平均去氮作用为 38mg/(m² · d),浮游植物吸收 NO—N 为 24mg/(m² · d),饵料中的氮矿化为 NH_3 的平均速率为 59mg/(m² · d)。最后得出该实验的物质平衡方程是:

放养幼体(1.93%)+饵料(87.99%)+池塘最初装水(4.65%)+外部引水(1.91%)+降雨(3.67%)+氮的固定(可忽略)=成鱼收获(31.53%)+池水溢出(1.57%)+排水(13.93%)+底泥沉积(22.57%)+池底渗漏(0.53%)+氨挥发(12.51%)+去氮作用(17.36%)。

上述大多数模型都是针对虾池养殖系统,通过这些养殖系统的特点我们可以看到,不同养殖类型、不同养殖密度以及不同的水域环境,其养殖水体中氮的各项收支是不同的,有时甚至大相径庭。但是同为投饵型养殖系统,其总的特征是一致的,即对养殖水环境中氮的输入贡献比较大的因子有:饵料、肥料和进水;对氮的输出贡献比较大的因子有:养殖体收获、排水损失、底泥沉积和去氮作用及氨挥发。因此,在养殖过程中,我们应要重点注意和控制这一部分氮的数量,从而能够有效地控制和掌握整个养殖水环境中氮的总量。

2.1.3 养殖水体中磷的存在形态

还原条件下,磷可以−3价成PH_3存在。天然水体内的磷通常都是+5价的,以溶解或悬浮的正磷酸盐形式存在,也可以溶解或悬浮不溶的有机磷化合物形式存在,即溶解无机磷(DIP)、溶解有机磷(DOP)、颗粒磷(PP)。养殖水体中磷的存在形态也主要是这几种,各种形态的磷可以相互转化,在它们转化过程中,生物过程起主要作用。

投饵为主的人工养殖模式下,水体中磷的主要来源是饵料、肥料及引水过程。饵料、肥料中的磷以 DIP 和 DOP 的形态进入水体。其中 DIP 形态的磷一部分被浮游植物吸收利用,夏季尤为显著,由于浮游植物生长繁衍处于高峰期,主动消耗 DIP,转化为生物磷(BP),水体中的无机磷含量降到最低。许多研究已证明,当有磷酸盐供应时,大多数藻类都表现出可以积累过量的磷酸盐,以多磷酸盐颗粒形式储存于细胞中;在磷酸盐供应不足时,这种形式的磷可用来支持种群的生长。这反映了生物活动过程中无机磷转化的重要性。另一部分 DIP 可被水体中悬浮颗粒吸附转化为悬浮颗粒态磷(PP)。水中浮游植物有一部分被浮游动物摄食,一部分死亡。浮游生物新陈代谢过程的排泄物、分泌物与分解产物包含 DOP 和 PP。浮游生物活体及排泄物和残饵是颗粒态磷的主要供应源,悬浮颗粒物对磷的吸附与磷自悬浮颗粒中解吸是 PP 与 DIP 转化的途径,其中在微生物参与下,部分 PP 也转化为 DOP 或 BP,即被浮游生物吸收。如水体中的异养细菌,一方面分解并利用环境中的有机磷(包括 DOP 和 PP 中的 POP 部分),促使无机营养盐再生;另一方面利用水中 DOP 合成菌体,并加入食物链,进入另一种循环。

在引水过程中,引入的清洁水与养殖水体的水相混合,养殖水体中磷的浓度被稀释,相对于沉积物中磷的浓度较低,沉积物的释磷量将会增大,但这在很短的时间就会达到平衡,使水中磷的浓度维持在较高水平,另外投饵和施肥过程增加的磷又使水体中的磷向沉积物转移。引水过程中盐度增高,盐基离子与吸附在颗粒物上的磷发生离子交换作用,使悬浮颗粒物中的磷部分解吸,进入水体,使颗粒态磷的含量随盐度的增加而降低。还有部分悬浮的含磷有机颗粒,在微生物的作用下分解,将有机形态磷转化为 DOP 或 DIP 等形态,而在氧化条件下,有机形态磷可能直接转化为溶解态磷。

在养殖水体中,有效磷的减少主要是水体中的溶解态磷被悬浮颗粒吸附形成颗粒态磷,然后经絮凝沉淀转移到沉积物中。而沉积物中各种形态的磷在氧化还原条件改变及水体扰动的情况下,会随着颗粒物质再悬浮,以颗粒态磷的形式进入水体,参与水体中磷的形态转化和循环。

2.1.4 养殖水体中磷的平衡

根据养殖水环境中磷的循环,把养殖水体看成一个整体,计算磷的物质平衡,可以了解养殖水体中磷的迁移转化,估计养殖出水的污染负荷及饵料和食物的利用率,从而为水产养殖提供科学指导。前人对于水体中磷的物质平衡已进行了较多的研究。1970 年,沃伦威得尔(R.T.Vollenweider)提出了湖泊、水库的完全混合箱式模型:

$$V(\mathrm{d}P/\mathrm{d}t)=W+q+Q(P_{in}-P)+K\,\mathrm{s}VP+K\,\mathrm{r}A\,\mathrm{s}$$

该模型把湖泊、水库作为一个均匀混合水体,从宏观上研究湖泊、水库中营养平衡的输入产出关系。1975 年,Snodgrass 等提出了湖泊、水库的分层箱式模型:

$$上层:V_e\frac{\mathrm{d}P_e}{\mathrm{d}t}=\sum Q_j P_j-QP_e-p_e V_e P_e+\frac{k_{th}}{Z_{th}}A_{th}P_h-\frac{k_{th}}{Z_{th}}A_{th}P_e$$

$$下层:V_h\frac{dP_h}{dt}=r_h V_h\left[PP\right]_h+\frac{k_{th}}{Z_{th}}A_{th}P_e-\frac{k_{th}}{Z_{th}}A_{th}P_h$$

式中:V_e,V_h——分别表示上、下层水体体积(m^3);

P_e,P_h——上、下层水体的磷酸盐浓度(g/m^3);

$[PP]_h$——下层水体的颗粒磷浓度(g/m^3)；

Q_j——各种陆源输入的总流量(m^3/d)；

Q——流出湖泊、水库的总流量(m^3/d)；

P_e——上层水体的净生产率系数(d^{-1})；

K_{th}——通过温跃层的垂直扩散系数(m^2/d)；

Z_{th}——温跃层平均水深(m)；

A_{th}——温跃层面积(m^2)；

r_h——下层水体颗粒磷的分解率系数(d^{-1})；

t——时间(d)。

该模型把上层和下层各视为完全混合模型，在上、下层之间存在着紊流扩散的传递作用。

对于季节变化明显的地区，这两种模型可以结合使用，夏季利用分层模型，冬季利用混合模型。姜世中(1998)利用这两种模型对不同网养面积下，三岔湖水库总磷浓度进行了模拟计算，在对总磷模拟值与总磷实测值相比较中发现：上层总磷浓度模拟值的相对误差较大，而夏季下层总磷浓度模拟值稍偏大，这主要是由于下层和总磷模型未考虑藻类耗磷作用。

Paez 等(1998)对墨西哥西北部近海虾塘养殖 N、P 的浓度进行调查研究，并根据总营养物质的质量平衡提出了 N、P 的物质平衡模型，其中 P 的平衡公式：

$$L_P = FC_{FP} + fC_{fP} + IC_{IP} - HC_{HP}$$

式中:L_P——环境中磷的损失量;

C_{FP}——饵料中磷的含量;

C_{fP}——肥料的含磷量;

C_I——输入水体磷的含量;

C_H——收获虾中磷的量。

L_P 随着收获量的增长或饵料、肥料、输水率的减少而减少。相对于前两种模型来说,该模型比较简单,也便于计算。显然 Paez 等把虾塘看作一个整体(包括水体和底泥),只考虑磷的输入和输出之间的关系,并把收获虾中的磷看作磷的回收,把沉积物富集的磷和随水流失的磷看作磷的损失,该式可以从侧面反映饵料和肥料的利用率,从整个养虾阶段来讨论虾塘养殖水体中磷的损失,但不能计算养虾过程中随时间增加的磷量。

另外,Funge-Srtitb 以及 Paez 也分别对精养虾池的磷收支做了细致的估算。在 Funge 的模式中,磷的收支方程为:

饵料(51%)+底泥释放(26%)+肥料(21%)+换水输入(2%)+降雨(0.1%)+地面流入(0.05%)+放养幼虾(0.01%)+其他=底泥沉积(84%)+换水输出(7%)+成虾收获(6%)+收获排水(3%)+渗析(0.02%)+其他

在 Paez 的模式中,磷的收支方程为:

饵料(50.9%)+换水输入(40.6%)+肥料(9.5%)+放养幼虾(小于 0.4%)+其他=底泥沉积(47.2%)+换水输出(42.2%)+成虾收获(10.6%)+其他

两个方程的左边都为磷的收入,右边为磷的支出。由以上两个方程可以看到,对于虾池来说,不同的养殖地点和养殖方式,其磷的输入输出各项大小是不同的,有时甚至大相径庭,Martin 和 Lefebvre 等在研究不同养殖密度对虾池中的物质平衡方程也证明了这一点。但是,总的来说,对于养殖水体中磷的输入,其贡献比较大的因子有饵料、肥料和进水。对于磷的输出贡献比较大的因子有养殖体收获、排水损失和底泥沉积。因此,在养殖过程中,应该重点控制这一部分磷的数量,便于掌握养殖水环境中磷的总量和变化,为改善养殖生态结构、提高磷营养盐的利用率、保护水环境提供依据。

2.2　养殖污染负荷的估算

2.2.1　养殖污染负荷估算方法概述

网箱养殖属于开放式养殖系统,高饵料投入和系统开放是其主要特点。因此对其污染负荷的研究相对比较复杂,也比较困难。目前,研究方法主要有两种:①通过现场测定。②依据物质守恒原理开展的研究。

进行现场测定的过程较为烦琐,所耗时间比较长,而且需要大量资金的支持。另外,周围环境的变化将影响现场测定结果的准确性。相对于池塘网箱养殖而言,直接测定海水网箱养殖产生的营养负荷更加困难。

鉴于此,依据物质守恒原理(或质量平衡方程)进行间接推算是开展水产养殖污染负荷定量化研究的另一选择。流失到环境中的大量未食残饵和养殖生物的排泄物是投饵式养殖系统产生大量氮磷有机物的主要来源。有一些研究者对养殖生产过程进行了系列研究,根据残饵产生量,粪便产生量以及其中的营养盐含量估算产生的氮磷污染负荷,Islam(2004)还提出了营养负荷线性模型。下面就各种方法进行简述。

2.2.2　质量平衡法

质量平衡方法认为食物是养殖系统内产生废物的唯一来源,因而通过投喂食物的总量与被生物体所利用部分的差值来计算废物的产生量。即进入环境的污染负荷＝输入的饵料中营养物数量－输出的鱼体内营养物数量。

质量平衡方程: $Nutrient\ Loss\ Rate = FCR \times Feed - Fish$

式中: $Feed$——饵料中的营养盐含量;

$Fish$——养殖鱼体内的营养盐含量;

FCR——饵料系数。

得到生产每单位重量鱼产生的氮磷污染负荷的量,单位:kg氮(或磷)/t 鱼。

Foy 和 Rosell 将通过质量平衡方程间接估算的污染负荷与直接测定结果的比较显示:直接测定的总磷负荷是间接估算的97.6%,总氮负荷是间接估算的 112.6%。

据调查资料表明,目前中国沿海地区的网箱养殖投喂饵料主要以捕捞的鲜活饵料或冰冻杂鱼为主,仅有 20%左右是配合饲料喂养生产(彭永安,2004 年)。鱼类对这种饵料的摄食率很低,产生的残饵对水体的污染要远大于投喂颗粒饲料。深圳市南澳镇,在两个小海湾中有养鱼网箱 1800 只,每个网箱每天投约2.5~5kg 的鲜杂鱼,投饵总量每天大约为 4500~9000kg,经绞碎的小杂鱼饵料有 30%以鱼肉碎屑和溶胶形成流失于水体。以此估计南澳镇每天的养殖饵料有 675~1350kg 流失到养殖水体中。通常,网箱养鱼按鱼体重量的 5%~15%投饵,每年产生的粪球、残饵等颗粒有机物相当于投饵量的 10%,若按每个网箱每年可养成鱼 300kg 计,在养有 1 万箱鱼的水域,每年大约有 60~90t有机物进入周围海域环境中(杨红生,2000 年)。针对国内投喂含有大量的水分的鲜活(或冰冻)饵料情形,在根据质量平衡方程进行养殖污染负荷核算时,根据具体情况进行了一些修正。提出干物质转化率的概念,对养殖污染负荷进行核算。

1.基于干物质转化率的质量平衡法

基于干物质转化率的质量平衡法的基本原理仍是质量平衡方程,只是对饵料系数进行了修正。计算式为:

$$Nutrient\ Loading = (DFCR \times Feed) - Fish$$

其中

$$DFCR = FCR \times \frac{1 - W_{Feed}}{1 - W_{Fish}}$$

式中:

$DFCR$——干物质转化率;

W_{Feed}——鲜活饵料中的含水率;

W_{Fish}——养殖鱼体内的含水率;

这种基于干物质转化率的养殖污染负荷确定方法更加适合中国沿海地区网箱养殖的现状,同样也适应其他采用鲜活饵料进行养殖的其他亚洲国家。

2.营养组分的测定

对于饵料和养殖鱼体内各组分的测定方法,一般均采用国际上通用的方法:

水分测定:105℃常压干燥法(恒温电热干燥箱);

氮的测定:凯式定氮法;

磷的测定：先将有机物（鱼体）用酸消化后再用磷钼蓝法测定有机物中的磷；

脂肪测定：索式提取法（脂肪抽提系统）；

灰分测定：550℃灼烧法（马福炉）；

碳水化合物的测定：采用差减法，即总的碳水化合物（％）＝100－（水分＋蛋白质＋脂肪＋灰分＋其他）。

2.2.3　根据残饵和粪便的产生量估算污染负荷

由养殖系统进入环境的有机物主要由未食饵料以及养殖鱼类的排泄物组成。其一是投饲过程直接浪费的饲料，包括飘散网箱外、崩解溶失、连同鱼类吃剩余的饲料；其二是鱼类摄食饲料后的代谢排泄物，包括氨氮、尿素、硝酸盐、磷酸盐和粪便等。因此，进入环境中的营养盐可以分为残饵中的营养盐和粪便中的营养盐，分别进行计算。

对于残饵中的营养盐根据饵料中的营养盐含量和残饵产生率计算：

残饵中的营养盐＝投饵量×饵料中营养盐的含量×残饵产生率

而粪便中的营养盐输出则根据消化率，粪便的溶解率等计算：

粪便中的营养盐＝投饵量×饵料中营养盐的含量×（1－残

饵率)×(1-消化率)×(1-粪便的溶解率)

鲈鱼作为真骨鱼类,其氮排泄物主要为氨和尿素,它们主要通过鳃排泄,少量随尿液排出,在大多数情况下,氨氮是主要的排泄物。在测定鲈鱼氨氮排泄率的时候采用次溴酸盐氧化法,即

$$N=(V-V_{fi}-0.7)\times(N_{fi1}-N_{fi2})-(V-0.7)\times(N_{bl1}-N_{bl2})$$

$$R=N/(W_{fi}h)$$

式中:R——氨氮排泄率;

W_{fi}——鱼体体重;

h——试验时间间隔;

N——总氨氮排泄量;

N_{fi1}——试验开始时测定的氨氮值;

N_{fi2}——试验结束时测定的氨氮值,

N_{bl1}——空白对照组试验开始时测定的氨氮值;

N_{bl2}——空白对照组试验结束时测定的氨氮值,0.7为试验开始时取走的水样量(dm^3)。

2.2.4 营养负荷线性模型

由于较高的 FCR 值意味着生产相同数量的鱼需要投入更多的食物,高营养负荷与较高的 FCR 值有直接的关系。$Islam$ (2004)通过对大量的污染负荷量以及 FCR 值的资料进行分析发现,营养负荷与 FCR 值有明显的线性关系,在此基础上提出了营养负荷与 FCR 之间的线性关系方程:

N 负荷 $(kg/t)=47.86\times FCR+12.85(R^2=0.996)$

P 负荷 $(kg/t)=13.19\times FCR-7.98(R^2=0.995)$

经修正,该线性关系方程计算的结果与国外投喂颗粒饲料的网箱养殖实际情况符合。但该方法是否同样适用中国沿海地区投喂鲜活饵料进行网箱养殖产生的污染负荷的估算尚需进一步的验证。

2.3　胶南海域养殖污染负荷估算

2.3.1　养殖区概况

青岛市所辖海域海岸线长达 667.2km,具有优越的自然环境条件和丰富的近海资源以及科技优势,为海洋水产业的发展提供了良好的基础与发展空间。

青岛海域 20m 等深线以内的海域,大部分为较平坦的泥沙底质,除港区、航道、锚地、倾废区、排污区、军事禁区及近岸旅游区等禁养区外,理论上均可进行鱼类、虾蟹类、贝类和藻类等品种的筏式和网箱养殖。目前,这些海区水质良好,基本为一类水质区,水体交换活跃,营养盐适中,浮游生物繁盛,众多的岬角、海湾、岛屿为海水养殖提供了良好的掩护条件。

近年来,近岸海域的水产养殖已形成过度发展,为避免对海域环境污染的加剧,寻求新的养殖业发展空间,鼓励拓展深水养殖。根据《青岛市海洋功能区划》,在青岛周边的海岸带区域内共划定太平港东、赭岛东部、田横岛南部、仰口东部、崂山湾南部、薛家岛、灵山岛、琅琊湾8个养殖区。

1.太平港东养殖区

位于太平港东,水深6m,混沙底质,水流顺畅,面积较大,风浪小,可养殖扇贝、牡蛎,间养部分藻类。

2.赭岛东部养殖区

位于赭岛东部,水深10～20m,海域宽阔,水流顺畅,可开展网箱养鱼,养殖扇贝、牡蛎。

3.田横岛南部养殖区

位于田横岛南部,海域宽阔,地形平坦,泥底,水深10～20m,过去近海渔民春秋在此作业,水流条件好,此区网箱养鱼,养殖扇贝、牡蛎,间养藻类。

4.仰口东部养殖区

位于仰口东部、小管岛东南部,水深多在10m以内,可依托岛屿,综合利用海域、水流底质等条件,可进行网箱、筏式养殖。

5.崂山湾南部养殖区

位于大管岛群南部,海域面积大,水深 10～20m,海流畅通,海水洁净畅通,无污染,大部分硬泥底,适宜网箱养鱼,筏养扇贝,笼养虾、蟹、鲍鱼等,也可以结合海上旅游进行游钓。

6.薛家岛养殖区

位于薛家岛东部,该海域水流畅通,无污染,水深 20m 以上,随着近岸养殖业的退出,可适度发展筏式、深海网箱养殖,开展多品种、多样式养殖。

7.灵山岛养殖区

海域水质好,无污染,水流畅通,水深 10～20m,适宜养殖贝类和藻类。

8.琅琊湾养殖区

位于琅琊台湾鸭岛西南,水深 10～20m,海湾海流较小,泥沙底质,营养物质较丰富,可发展网箱养鱼和贝、藻类养殖。

2.3.2 胶南海域深水网箱养殖概况

灵山湾养殖区和琅琊湾养殖区均属于胶南海域养殖区(见图 2.2)。该养殖区深水网箱养殖主要为经济鱼类,以鲈鱼、黑鲪、牙鲆 3 个品种为主,本研究以鲈鱼为代表,对在其养殖过程产生的污染物进行估算。养殖周期根据放苗规格的不同而不同:50~100g 的黑鲪、鲈鱼苗种养成至 500g 以上周期大约在 1 年左右,黄鱼(六线鱼)则需要 2 年左右,150~200g 的鲈鱼苗种养成至 500g 以上大约需要 6~7 个月,黄鱼需要 16 个月左右。网箱放苗量 1.0 万~1.2 万尾,产鱼量 4~5t(理论产鱼量为 6~8t)。

据黄岛区海洋渔业局 2005 年的统计结果,胶南海域深水网箱的总产量为 1782t,其中,琅琊湾深水网箱养殖产量为 895t(网箱数量约 200 个),大珠山 680t,其次是灵山卫镇 78t,积米崖 69t。

网箱养鱼投喂的饵料以鲜杂鱼虾为主,含水量一般在 20% 左右,根据网箱养殖户提供的资料,饵料转化率在 5~6 之间,本研究中取 6。

养殖户投喂的鲜杂鱼虾主要有青鳞鱼、鲅鱼食、面条鱼及小白虾。据有关文献报道(舒廷飞,2003;袁蔚文等,1993),几种鲜活饵料鱼中的蛋白质为 9.3%~19.8%,磷的含量为 0.17%~

0.58％,平均分别为 15.28％(含氮 2.45％)和 0.42％。其中面条鱼(又称玉筋鱼)含氮量为 2.4％,含磷量 0.44％;养成的鲈鱼体内氮含量为 2.8％,含磷为 0.29％。

2.3.3　污染负荷估算

1.质量平衡法

舒廷飞建立的哑铃湾网箱养殖物质平衡概念模型中,物质输入项包括饵料、幼鱼、动力输入、底泥释放,物质输出项包括成鱼收获、底泥沉积、动力输出。在本研究没有考虑通过鱼苗(幼鱼)输入的营养盐和因死亡和逃逸输出的营养盐,而是认为这部分所占比例很小(据 Holby 的研究,通过幼鱼输入的量和鱼损失输出的量分别为 3％～7％和 1％～5％),可以假定通过鱼苗输入的量恰好与因死亡输出的量平衡。因此,进入环境的氮磷营养盐负荷量还是根据质量平衡方程以及饵料和养殖鱼体内的氮磷含量进行估算。据此得到:

氮负荷 $L_N = (6 \times 2.4\% - 2.8\%) \times 10^3 = 116 \text{kg/t}$

磷负荷 $L_P = (6 \times 0.44\% - 0.29\%) \times 10^3 = 23.5 \text{kg/t}$

即每生产 1t 鱼进入环境的氮负荷为 116kg,磷负荷为 23.5kg。

通过该质量平衡方程估算的营养负荷是进入环境中的营养盐总量。Enell,Holby 等(Holby,1991,1992 年;Enell,1995)通过大量研究,得出结论认为:养殖生产过程中,进入周围环境的氮主要以溶解态存在,占70%,颗粒态氮所占比例为30%,而溶解态磷占40%,剩余的60%以颗粒态存在。由于溶解态物质和颗粒态物质在环境中的运动规律不同,对环境的影响特点、影响范围也不同。因此,区别进入环境中的氮磷营养盐构成(颗粒态和溶解态的比例)对于研究养殖产生的营养盐对周围环境的影响具有重要意义。

根据Enell等关于溶解态和颗粒态营养盐的比例研究结果估算溶解态和颗粒态氮磷的量:溶解态氮为81.2 kg/t,非溶解态氮为34.8kg/t,溶解态磷为9.4kg/t,颗粒态磷为14.1kg/t。

琅琊湾约有深水网箱200只,因此,每年由深水网箱养殖排放的溶解态氮约为72.67t,溶解态磷为8.41t;非溶解态氮为31.15t,颗粒态磷为12.62t。

2.根据残饵和粪便中的营养盐估算的氮磷污染负荷

养殖过程产生的污染主要由大量未食残饵和养殖鱼类排泄的粪便以及分泌物产生,因此,通过计算残饵产生量和排泄量进行污染负荷计算。

根据大量的养殖试验报告和文献资料,养殖产生的残饵随投喂饵料种类、投喂方式以及养殖生产管理方法的不同而有较大差异(刘家寿等,1997;Wu,1999)。养殖生物对颗粒饵料的利用率较高,但鲜活饵料的残饵产生率较高,一般在20%~30%之间。对象山港网箱养殖的研究发现,全年共有15508.97t饵料没有被鱼吃进,平均每天有42490kg饵料进入水体,造成对水体的污染

（宁修仁等，2002）。

根据本研究区域的养殖情况，每只网箱的年投饵量约 27t，200 只深水养殖网箱的总投饵量约为 5 400t。残饵产生率为 30％，饵料中的氮磷含量分别为 2.4％和 0.44％，据此估算由残饵产生的营养负荷。

在根据残饵产生量估算氮磷营养负荷时所做的一个假定：残饵中的营养盐全部溶出。而实际上并非如此简单，已有一些研究者对残饵和粪便中营养盐的溶出率进行了一些相关的研究，本研究中不对此进行过多的讨论。

（1）残饵中的营养盐

残饵中的营养盐＝投饵量×饵料中营养盐的含量×残饵产生率

每只网箱产生的残饵量：$27 \times 30\% = 8.1t/a$

残饵中的氮：$27 \times 30\% \times 2.4\% = 194.4kg/a \cdot$ 只

残饵中的磷：$27 \times 30\% \times 0.44\% = 35.64kg/a \cdot$ 只

则琅琊台湾养殖区 200 只深水网箱通过残饵进入环境中的氮为 38.88t/a，磷为 7.13t/a。

（2）粪便中的营养盐

根据有关实验资料，养殖鱼类对氮和磷的消化率分别为 91.8％和 76％。排泄粪便的溶解率为 24.7％。

粪便中的营养盐＝投饵量×饵料中营养盐的含量×（1－残饵率）×（1－消化率）×（1－粪便的溶解率）

所以产生的 N、P 分别为：

氮负荷：$27 \times 2.4\% \times (1-30\%) \times (1-91.8\%) \times (1-24.7\%) = 28.01 \text{kg/a} \cdot$ 只

磷负荷：$27 \times 0.44\% \times (1-30\%) \times (1-76\%) \times (1-24.7\%) = 15.03 \text{ kg/a} \cdot$ 只

该养殖区 200 只网箱通过养殖鱼的粪便进入环境中的氮为 5.60t/a，磷为 3.01t/a。

（3）通过排泄产生的氨氮

研究海域养殖鲈鱼的放苗时间一般在每年的 4、5 月份，鲈鱼鱼苗体重在 150～200g 之间，每个网箱放养的放养密度为 10000 尾。经过 6～7 个月的养殖周期后，收获成鱼体重可达 500g 以上。根据实验得到鲈鱼各月（5、6、8、10 月）的氨氮排泄率平均值为 $4.289\mu\text{g}/(\text{g} \cdot \text{h})$、$7.58\mu\text{g}/(\text{g} \cdot \text{h})$、$1.721\mu\text{g}/(\text{g} \cdot \text{h})$ 和 $1.702\mu\text{g}/(\text{g} \cdot \text{h})$。据此得到一个养殖周期内单个养殖网箱的氨氮理论排泄量 66.55kg。该养殖区排泄的氨氮总量为 13.31t。

（4）氮磷污染负荷总量

通过残饵和粪便以及排泄产生的氮总量为 57.79t，磷为 10.14t，该计算结果较质量平衡法估算的结果（氮 103.82t/a、磷 21.03t/a）要低。这是因为根据残饵和粪便中的营养盐含量估算的进入环境中的氮磷量主要是溶解态营养盐的量，而质量平衡法估算的污染负荷则是养殖过程中产生的溶解态营养盐和颗粒态营养盐的总量。但根据溶解态占污染负荷总量估计的溶解氮磷营养盐的值(溶解态氮 72.67t、溶解态磷 8.41t)与通过残饵及粪便和排泄产生的氮磷较为接近,溶解态氮的值略为偏低。

在对网箱养殖过程产生的 N、P 污染物的影响预测中采用的源强,仍按保守估计,采用质量平衡方程估算的氮磷负荷作为源强。

3.营养负荷线性模型法

首先对采用颗粒饲料(或配合饲料)的国外养殖情况进行污染负荷计算的核实(以氮为例):假定饲料转化系数 $FCR = 1.5$(使用颗粒饲料的饵料系数较低,一般为 $1.1 \sim 1.5$),饲料中氮的含量为 7.7%,鱼体内的含氮量为 2.7%。

质量平衡法:

氮负荷 $= (1.5 \times 7.7\% - 2.8\%) \times 10^3 = 87.5 \text{kg/t}$

营养负荷线性模型法:

氮负荷 $= 47.86 \times 1.5 + 12.85 = 84.64 \text{kg/t}$

结果证明:通过质量平衡法和营养负荷线性模型法两种方法计算的结果非常接近,因此如果 FCR 值计算准确,在缺少鱼体及饵料中的营养盐含量的资料情况下,用简单的营养负荷线性模型进行营养负荷的预测是非常实用的。

根据 Islam 提出的营养负荷线性模型对胶南琅琊湾深水网箱养殖产生的氮磷负荷量进行核算,讨论这种方法是否适合投喂鲜活(或冰冻)饵料的情况:

N 负荷$(kg/t) = 47.86 \times FCR + 12.85(R^2 = 0.996)$

P 负荷$(kg/t) = 13.19 \times FCR - 7.98(R^2 = 0.995)$

则$N = 47.86 \times 6 + 12.85 = 300.01(kg/t)$

$P = 13.19 \times 6 - 7.98 = 71.16(kg/t)$

该核算结果较质量平衡法(氮 103.82t/a、磷 21.03t/a)要高许多。针对使用鲜活饵料进行网箱养殖的现状,本书曾提出基于干物质转化率的概念,因此,讨论使用干物质转化率情况下,使用营养负荷线性模型法是否可行? 下面对其进行计算验证。

基于 $DFCR$ 的氮磷污染负荷验证:

$$DFCR = FCR \times \frac{1 - W_{Feed}}{1 - Fish} = 6 \times (1 - 30\%)/(1 - 70\%) = 14$$

$$L_N = (14 \times 2.4\% - 2.8\%) \times 10^3 = 308 kg/t$$

$$L_P = (14 \times 0.44\% - 0.29\%) \times 10^3 = 58.7 kg/t$$

通过以上的计算表明:基于干物质转化率的质量平衡法和营养负荷线性模型法两种方法估算的氮负荷接近,磷负荷略有差异。因此,是否可以得出结论,采用颗粒饲料时,养殖污染负荷的确定可以用传统的质量平衡方程法,也可以用线性模型法;而对于国内使用鲜活饵料进行网箱养殖的情况,则应该采用基于干物质转化率质量平衡法,或者线性模型法。

2.4　内源释放的估计

养殖区底部营养盐的释放以及其对养殖生物的影响问题已经引起了越来越多的关注。养殖产生的污染负荷应该是系统外源产生和底部内源释放之和。在本节中,对沉积物中的营养盐在分子扩散作用下的静态释放进行了估算,而关于水动力作用下,沉积物的再悬浮以及营养盐在再悬浮过程中的释放将在第四章中详细介绍。

2.4.1　营养盐的释放

受养殖技术和养殖管理水平的差异,投饵式养殖系统,往往产生大量的未食残饵,富含有机物的大量残饵沉入海底,形成大量积累。一个养殖区经过多年的养殖生产后,往往在养殖网箱底部形成厚厚的沉积层。据对象山港养殖区底部的调查发现,该养殖区底部出现厚达 1m 左右的又黑又臭的沉积物。这些沉积物将释放出氨气、硫化氢等对养殖生物有毒害作用的气体。一方面造成对周围水环境的极大污染,另一方面造成对养殖生物的危害,降低了产量,损失了经济效益。目前,关于养殖产生的污染负荷的研究大多仅局限于根据物质的输入输出估算养殖过程产生的污染物。实际上,养殖区底部有机物在各种作用下的释放也是重要的污染源。内源释放也成为各研究者比较关注的问题,同时内源释放受各种因素的影响也是研究的难点。

2.4.2　通过分子扩散通量计算的静态释放

沉积物—水界面之间的氮磷营养盐交换是沉积物—水环境系统中氮磷迁移、累积和转化的重要过程。在界面上,由于固体颗粒物的沉积和海水中颗粒物自孔隙的浸入,沉积柱增加,平流过程和界面上下浓度梯度引起的扩散转移过程,是化学物质通过沉积物—水界面转移的两个主要过程。

目前,主要考虑的是静态释放,即分子扩散通量,通常采用的方法是间隙水梯度法计算由浓度梯度引起的分子扩散通量。

分子扩散通量一般通过 Fick 第一定律来计算:

$$F_d = \phi D_s \left(\frac{dC}{dz}\right) z = 0$$

式中:F_d——沉积物——海水界面的分子扩散通量;

ϕ——沉积物孔隙度；

D_s——总扩散系数，与营养盐的分子扩散系数密切相关；

$\left(\dfrac{dC}{dz}\right)z = 0$——水—沉积物界面的浓度梯度，可用表层沉积物间隙水浓度与上覆海水中营养盐浓度差估算。

当 $\phi < 0.7$ 时，$D_s = \phi \cdot D_o$；

当 $\phi \geqslant 0.7$ 时，$D_s = \phi^2 \cdot D_o$；

D_o 为理想溶液的扩散系数。

活性磷酸盐和溶解无机氮的理想溶液扩散系数分别为 $6.12 \times 10^{-6} \, cm^2/s$ 和 $19.8 \times 10^{-6} \, cm^2/s$（宋金明，1997）。

琅琊台湾网箱养殖区位于琅琊台湾鸭岛西南，水深 $10 \sim 20m$，海湾海流较小，泥沙底质，沉积物孔隙度为 0.72。

因此，溶解无机氮的扩散系数为：

$D_s = 0.72 \times 0.72 \times 19.8 \times 10^{-6} = 10.26 \times 10^{-6} \, cm^2/s$

$F_d = -0.72 \times 10.26 \times 10^{-6} \times (-0.05) = 0.32 \, mg/m^2 \cdot d$

活性磷酸盐的扩散系数为：

$D_s = 0.72 \times 0.72 \times 6.12 \times 10^{-6} = 3.17 \times 10^{-6} \, cm^2/s$

$F_d = -0.72 \times 3.17 \times 10^{-6} \times (-0.017) = 0.034 \, mg/m^2 \cdot d$

通过分子扩散进入到水体中的活性磷酸盐和无机氮分别为 $0.034 mg/(m^2 \cdot d)$ 和 $0.32 mg/(m^2 \cdot d)$。

2.5 小结

养殖污染负荷的确定是研究养殖生产与环境之间的相互作用并对养殖环境进行管理的基础,同时也是海上养殖面源控制的前提。本章对养殖系统内氮磷营养盐的平衡进行了分析,对确定养殖污染负荷的方法进行了叙述并对各种方法进行了比较,将确定养殖污染负荷的方法用于计算胶南琅玡湾海域深水网箱养殖产生的污染物负荷量。根据传统质量平衡法估算的每年由深水网箱养殖排放的溶解态氮为 72.67t,溶解态磷为 8.41t,非溶解态氮为 31.15t,颗粒态磷为 12.62t。本书考虑到鲜活饵料与颗粒饵料的不同,对传统的质量平衡方程加以修正,得到基于干物质转化率计算的每生产 1t 鱼(干重)产生的氮磷总量分别为 308kg 和 58.7kg。对于内源释放的估算,本章中主要通过分子扩散通量来计算,通过分子扩散进入到水环境中的无机氮和活性磷酸盐分别为 $0.32mg/(m^2 \cdot d)$ 和 $0.034mg/(m^2 \cdot d)$。

第 3 章

网箱养殖污染物产生排放模型研究

由前章研究可以看出，不管是物料平衡法也好，还是线性模型法也好，上述各种污染负荷估算所确定的是养殖污染物的产生总量，包括了溶解态和颗粒态两种，但去向不同的这两部分物质的比例及含量并不清楚。因此，要研究养殖过程产生的氮磷污染物，除了污染物的产生总量外，如果可以分别得到溶于水中的污染物数量与沉于海底的污染物数量，将有助于分析污染物的产生机理及环境影响程度与特点，从而有针对性地提出减少养殖污染的有效措施，改善养殖水域的环境污染。

本书在总结已有网箱养殖污染负荷估算研究基础上，以鱼类生理生态学基础理论为根本依据，构建了养殖生态系统动力学模型，优化了传统污染负荷估算方法，获得了不同类型的养殖污染废弃物的总量，并对网箱养殖污染物随着养殖鱼类的生长变化以及外界环境变化而发生的变化规律进行了研究。

3.1　养殖生态系统动力学模型

对于网箱养殖生态系统来讲,主要的物质输入来源是食物,而主要的系统输出则包括:收获鱼体、残余饵料以及养殖鱼类生长代谢过程产生的各种形态的排泄物。因此,本书将饵料投喂型网箱养殖系统中的生理生态过程、人工投饲过程以及污染物的排泄过程均进行了综合的考虑,构建了网箱养殖生态系统动力学模型,对养殖过程氮污染物的动态排泄规律进行了研究。

本书所建模型的理论基础为鱼类生理生态学理论,模型开发平台为美国哈佛 Ventana Systems 公司研发的 Vensim 软件。

网箱养殖生态系统动力学模型由三个子模型共同构成,分别是鱼类生长子模型(Growth)、食物吸收利用子模型(Food consumption)和氮污染物产生排放子模型(N wastes 和 N environment)。模型结构体系(图 3.1)。各子模型的理论基础和建模方式如下。

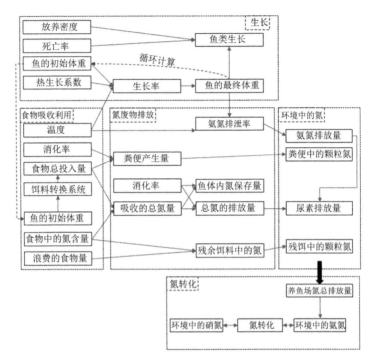

图 3.1　网箱养殖生态系统动力学模型结构

1.鱼类生长子模型

TGC 模型为鱼类生长模型的理论基础,即在食物充足的前提下,鱼类的生长主要受外界环境因素—温度的影响。TGC 模型的应用前提条件是:体重与体长的三次方成线性正比关系。根据象山港大黄鱼网箱养殖场的实验数据,大黄鱼的体长和体重关系恰好符合这种(图 3.2),计算所得 TGC 生长系数为 0.461815。

因此,本研究应用 TGC 生长模型对大黄鱼的生长状态进行了预测和模拟。

大黄鱼生长 TGC 模型的基本方程为:

$$W_t = \left\{\sqrt[3]{W_0} + \left[(TGC/1000) \times (T \times t)\right]\right\}^3$$

式中:TGC——生长率系数,生长率为$(TGC/1000) \times (T \times t)$。

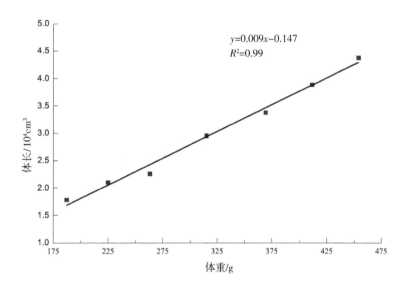

图 3.2 鱼类体重、体长关系曲线

2.食物吸收利用模型

网箱养殖生态系统中,营养物质的唯一来源为食物。在食物的投喂量、食物蛋白质含量(氮含量为蛋白质含量/6.25)、食物消

化率、残饵产生率率、饵料系数等均为已知的前提下,食物的输入、利用和输出达到平衡,以方程表示如下:

Feed input N＝*Feed wastage* N＋*Faecal* N＋*Excreted* N＋ N *Retained in body*

3.氮排泄模型

不同鱼类,其物质的吸收利用和代谢过程均不相同。大黄鱼为真骨鱼类,其溶解性代谢废物主要通过鳃排泄,少量随尿液排出,氨氮和尿素是主要物质形式。本研究所建模型中氨氮排泄量依据如下氨氮排泄率公式得出:

$$TAN = 12.612 \times W^{-0.033} \times T^{0.935}$$

尿素的排泄量为溶解性氮排放总量与氨氮排泄量之差,即尿素排泄量＝溶解氮－氨氮。

养殖生产过程产生的颗粒态氮物质主要由未食残饵中的氮和粪便中的氮共同组成。残饵氮的产生量与饵料利用率有直接关系,而粪便氮与鱼类的消化率有关。

3.2　网箱养殖生态系统物质产生排放规律研究

3.2.1　大黄鱼生长状态模拟研究

将所建网箱养殖生态系统动力学模型用于案例研究区。将 2012 年东极网箱养殖海域的自然环境条件和养殖场相关实际资料为模型输入条件,获得了大黄鱼生长和氮废弃物产生排泄规律。

模拟结果表明,2012 年养殖期间,海域水温在 16～27℃ 之间变化。大黄鱼的日生长速率与海域环境(主要是温度)变化呈现明显的正相关关系。在温度较高的夏季,大黄鱼生长代谢活跃,具有比较快的生长速率,每日体重增加量也较高,日增重率为 1.97g(8 月份),而在养殖末期(12 月份),随着温度的不断下降,其生长也随之变缓,日增重率为 1.46g。随着养殖时间的增加,大黄鱼的体重呈现持续增加的状态。图 3.3 与图 3.4 分别为预测所得大黄鱼的日体重增加量和每日体重值。将预测结果与养殖场每月实测结果相对比,发现预测值与实测值吻合良好,误差在 9%以下(表 3.1)。

据相关文献研究,鱼类生长具有阶段性,在不同的生命周期阶段具有不同的生长特征。Dumas 等用不同的体重生长指数分别模拟虹鳟<20g、20~500g 和>500 g 三个体重阶段的生长过程。Chowdhury 等也用不同的生长模型分别确定罗非鱼幼鱼期(1~30g)、长成前期(30~220g)和成鱼期(>220g)三个不同阶段的生长轨迹。为了验证本模型适宜模拟的大黄鱼生长阶段,我们对 30~80g 的大黄鱼生长状态进行了模拟,结果发现,模拟值和实测值吻合良好,最大误差<13%。因此,本模型能够较为真实的反应 30~550g 范围内的大黄鱼生长、代谢以及排泄等过程的模拟。

表 3.1　大黄鱼生长模拟值与实测值比较(样本数=30)

时间/d	月份	温度/℃	模拟值/g	实测值/g	误差/g
1	七月	26.0	275.00	275.00	0.00(0%)
30	八月	25.5	322.26	345.00	−22.74(−6.59%)
60	九月	26.0	375.67	410.00	−34.33(−8.37%)
90	十月	23.0	432.42	475.00	−42.58(−8.96%)
120	十一月	21.0	487.60	520.00	−32.40(−6.23%)
150	十二月	16.0	536.67	525.00	11.67(2.22%)

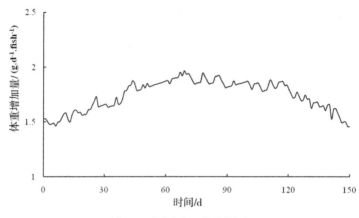

图 3.3　大黄鱼每日体重增加量

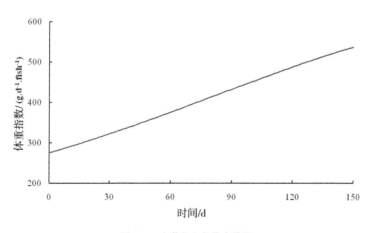

图 3.4　大黄鱼生长状态模拟

3.2.2 不同形态氮污染物产生排放规律研究

1.养殖生态系统物质平衡研究

养殖生态动力学模型的建立不仅能够预测大黄鱼的生长状态,同时,还可以预测网箱养殖生态系统在不同的生长阶段,不同形态的氮的产生和排泄过程。

通过不同生长阶段大黄鱼养殖系统内氮物质平衡分析(表3.2)可以看出:投放到系统的营养物质中,仅有18%~20%的氮成为鱼体内蛋白质而储存,其余的80%以上分别以颗粒态氮和溶解态氮的形式进入到环境中。其中,颗粒氮占了系统中氮投入的大部分(46%~55%),而27%~34%以溶解态氨氮和尿素的形式进入水体环境。

表 3.2 养殖生态系统氮物质平衡

时间/d	1	30	60	90	120	150
食物氮/mg	265.00	288.00	326.00	285.00	282.00	229.00
鱼体保存氮/mg	46.70	50.73	57.29	55.68	55.09	44.76
颗粒氮/mg	147.00	159.69	180.36	131.97	130.56	106.08
溶解氮/mg	71.84	78.04	88.14	97.32	96.27	78.23
食物氮比例/%	100.00	100.00	100.00	100.00	100.00	100.00
鱼体保存氮/%	17.62	17.61	17.57	19.54	19.54	19.55
颗粒氮/%	55.47	55.45	55.33	46.31	46.30	46.32
溶解氮/%	27.11	27.10	27.04	34.15	34.14	34.16

2.大黄鱼养殖污染负荷

根据 2012 年的养殖模式,每生产 1000kg 大黄鱼,将产生 133kg 总氮,其中 82kg 为颗粒氮,51kg 为溶解氮,溶解氮包括 45kg 的氨氮和 5.9kg 的尿素。2012 年该养殖场大黄鱼养殖总产量为 19.6t,因此,当年排放到环境中的总氮、溶解氮、颗粒氮、氨氮和尿素分别为 1 143kg、438kg、705kg、387kg 和 51kg。

3.颗粒氮产生排放的动态模拟

颗粒氮是当前养殖模式下氮污染物的主要存在形式。颗粒氮主要来源于未利用的残饵和鱼类排泄的粪便。饵料的类型对颗粒氮的产生量影响较大,颗粒氮产生规律模拟过程中所出现的跃降过程,正是反映了饵料组成结构的变化(9 月份开始投加颗粒饵料,采用混合喂养模式)。饵料不同,养殖鱼类对饵料的利用率不同,饵料转换系数不同,对饵料的消化吸收和代谢率也不同,从而影响了颗粒无机氮和溶解态无机氮的产生规律。

4.溶解无机氮产生排放的动态模拟

溶解无机氮的产生有一个先增加后下降的过程(图 3.5)。9 月中旬至 11 月份,溶解无机氮有一个持续高峰的排放阶段,排放量在 95~104 mg N/(d·fish)之间。但在养殖后期,随着环境温度的不断下降,生长速率逐渐降低,虽然大黄鱼的体重是持续增加的状态,但溶解无机氮的排泄呈现下降的趋势,这恰好符合溶解无机氮随着体重增加而降低的规律,这与其他文献研究中所获得的关于氨氮排泄率和耗氧率的变化规律研究是一致的。

根据 2012 年在养殖区的海水水质监测结果显示,从 7 月份到 11 月份,无机氮浓度有明显增加(7 月：0.20 mg/L；9 月：0.81 mg/L；11 月：0.55 mg/L),这种增加趋势与模型模拟结果相一致,进一步验证了本研究所建立的养殖生态系统动力学模型能够有效地预测养殖过程氮污染物的排放特征和规律。

根据《海水水质标准》(GB 3097－1997)规定,海水养殖区应执行二类水质标准,即无机氮浓度应低于 0.3 mg/L。根据调查结果发现,除 7 月份以外,其他月份无机氮浓度均超出二类水质标准,水质受到一定程度的污染。

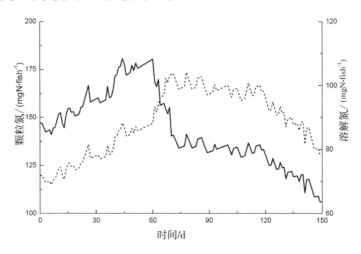

图 3.5　溶解氮和颗粒氮的动态排放规律

5.尿素产生排放的动态模拟

大黄鱼养殖期间,尿素的排泄量在 4.8～17.5 mg N/(d·

fish)范围内变化(图 3.6),远低于氨氮,仅占溶解无机氮排放总量的 6％～15％(表 3.3),同时,饵料构成的变化也将直接影响到鱼类对饲料的吸收利用和代谢过程,相对应的,尿素排泄量直接受到其影响。

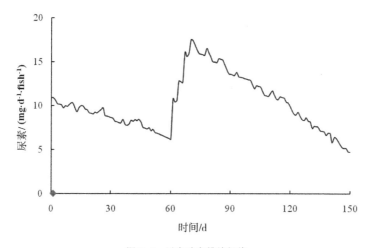

图 3.6　尿素动态排放规律

表 3.3　大黄鱼不同生长阶段溶解性废物(氨氮和尿素)的排泄量及比例

时间/d	1	30	60	90	120	150
溶解氮/mg.d^{-1} • fish^{-1}	71.84	78.04	88.14	97.32	96.27	78.23
氨氮/mg.d^{-1} • fish^{-1}	60.95	69.40	81.96	83.74	86.38	73.49
尿素/mg.d^{-1} • fish^{-1}	10.89	8.64	6.18	13.58	9.89	4.73
氨氮比例/％	84.83	88.92	92.99	86.05	89.72	93.95
尿素比例/％	15.17	11.08	7.01	13.95	10.28	6.05

6.氨氮产生排放的动态模拟

氨氮作为溶解无机氮的主要组成成分,占溶解无机氮排放总量的 84%~94%,在整个养殖期,氨氮排泄率在 137~230.5 mg N·kg/fish^{-1}·d^{-1}。日氨氮排泄量在 59~89 mg N/d^{-1}·fish^{-1}范围内变化。随着养殖时间的增加、养殖鱼体重的增加以及环境温度的变化,氨氮排泄率明显表现出随着体重增加而减低的趋势,以及与温度变化趋势正相关(图 3.7)。

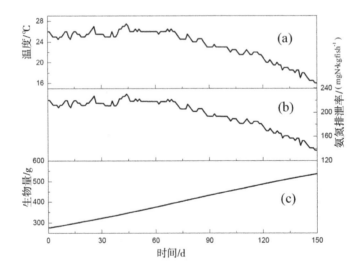

图 3.7　氨氮排泄率与温度和生物量之间关系

3.3　饵料投喂机制对养殖废物产生量的影响

通过所建模型发现:饵料的构成以及饵料中营养成分组成及其变化将直接影响到鱼类对饲料的吸收利用和代谢过程,相对应的,各种形态氮的排放量也直接受到影响。为了研究不同的饵料投喂机制以及饵料类型和营养组成对养殖排泄废物的影响,本研究设计了三种饵料投喂机制,三种蛋白质含量组成(同为颗粒饵料)以及三种消化率水平,对不同参数下的氮废弃物排放情况进行了模拟。图 3.8 为三种饵料投喂机制下,溶解氮、颗粒氮、粪便氮以及残饵氮的产生量变化规律。

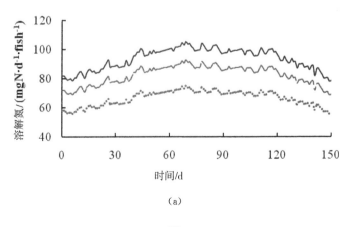

(a)

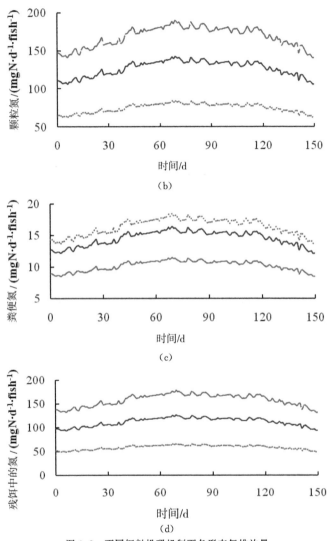

图 3.8　不同饵料投喂机制下各形态氮排放量
(a)溶解氮的产量变化规律　(b)颗粒氮的产量变化规律
(c)粪便氮的产量变化规律　(d)残饵氮的产量变化规律
注:鲜活饵料-----;混合饵料————;颗粒饲料…………

第4章

深水网箱养殖环境容量模型

　　了解某海域的物理与化学自净能力,掌握污染物入海后的输运规律,探明污染物在水体中的浓度分布,研究污染物对海洋生态环境的影响等都离不开数值模型。由于数值模型具有经济、可预测性等优点,已经成为研究海洋环境问题的重要工具。

　　目前,将数值模型应用于养殖生产过程产生的污染物对环境的影响预测,为养殖生产管理提供理论依据方面相对来说还比较少。在调查收集大量资料基础上,本书构建了可用于深水网箱养殖环境容量研究的数值模型,主要包括:水动力学模型、污染物平流扩散模型、粒子追踪模型以及沉降颗粒物的再悬浮模型。

4.1　水动力模型

本书采用的水动力学模型为由普林斯顿大学开发的河口海洋陆架模型 Ecom－Si(Blumberg & Mellor,1987)。下面对该模型中的方程进行简单介绍。

4.1.1　控制方程组

1.连续方程

$$h_1 h_2 \frac{\partial \eta}{\partial t} + \frac{\partial (h_2 U_1 D)}{\partial \delta_1} + \frac{\partial (h_2 U_2 D)}{\partial y} + h_1 h_2 \frac{\partial \omega}{\partial \sigma} = 0 \qquad (4.1.1)$$

2.动量方程

$$\partial \frac{h_1 h_2 D U_1}{\partial} + \frac{\partial (h_2 D U_1{}^2)}{\partial \zeta_1} + \frac{\partial (h_1 D U_1 U_2)}{\partial \zeta_2} + h_1 h_2 \frac{\partial \omega U_1}{\partial \sigma} + D U_1$$

$$\left(-U_2 \frac{\partial h_1}{\partial \zeta_2} + U_1 \frac{\partial h_2}{\partial \zeta_1} - f \right)$$

$$= -g D h_1 \frac{\partial \eta}{\partial \zeta_1} - \frac{g D^2 h_1}{p_0} \int_\alpha^0 \left(\frac{\partial p}{\partial \zeta_1} - \frac{\sigma \partial D}{D \partial \zeta_1} - \frac{\partial p}{\partial \sigma} \right) d\sigma + \frac{h_1 h_2 \partial}{D \partial \sigma} \left(K_M \frac{\partial U_1}{\partial \sigma} \right)$$

$$+\frac{\partial}{\partial\zeta_1}\left(A_M\frac{h_2}{h_1}D\frac{\partial U_1}{\partial\zeta_1}\right)+\frac{\partial}{\partial\zeta_2}\left(A_M\frac{h_1}{h_2}D\frac{\partial U_1}{\partial\zeta_2}\right) \qquad (4.1.2)$$

$$\frac{\partial(h_1h_2DU_2)}{\partial t}+\frac{\partial(h_2DU_2)}{\partial\zeta_1}+\frac{\partial(h_1DU_2{}^2)}{\partial\zeta_2}+h_1h_2\frac{\partial\omega U_2}{\partial\sigma}$$

$$+DU_1\left(-U_1\frac{\partial h_1}{\partial\zeta_2}+U_2\frac{\partial h_2}{\partial\zeta_1}+f\right)$$

$$=-gDh_1\frac{\partial\eta}{\partial\zeta_1}-\frac{gD^2h_1}{p_0}\int_\alpha^0\left(\frac{\partial p}{\partial\zeta_1}-\frac{\sigma}{D}\frac{\partial D}{\partial\zeta_2}\frac{\partial p}{\partial\sigma}\right)\mathrm{d}\sigma+\frac{h_1h_2}{D}\frac{\partial}{\partial\sigma}\left(K_M\frac{\partial U_1}{\partial\sigma}\right)$$

$$+\frac{\partial}{\partial\zeta_1}\left(A_M\frac{h_2}{h_1}D\frac{\partial U_2}{\partial\zeta_1}\right)+\frac{\partial}{\partial\zeta_2}\left(A_M\frac{h_1}{h_2}D\frac{\partial U_2}{\partial\zeta_2}\right) \qquad (4.1.3)$$

3.温度和盐度方程

$$\frac{\partial(h_1h_2DU_2)}{\partial t}+\frac{\partial(h_2DU_1U_2)}{\partial\zeta_1}+\frac{\partial(h_1DU_2{}^2)}{\partial\zeta_2}+h_1h_2\frac{\partial\omega U_2}{\partial\sigma}+DU_1\left(-U_1\frac{\partial h_1}{\partial\zeta_2}+U_2\frac{\partial h_2}{\partial\zeta_1}+f\right)$$

$$=-gDh_1\frac{\partial\eta}{\partial\zeta_1}-\frac{gD^2h_1}{p_0}\int_\alpha^0\left(\frac{\partial\rho}{\partial\zeta_2}-\frac{\sigma}{D}\frac{\partial D}{\partial\zeta_2}\frac{\partial\rho}{\partial\sigma}\right)d\sigma+\frac{h_1h_2}{D}\frac{\partial}{\partial\sigma}\left(K_M\frac{\partial U_2}{\partial\sigma}\right)$$

$$+\frac{\partial}{\partial\zeta_1}\left(A_M\frac{h_2}{h_1}D\frac{\partial U_2}{\partial\zeta_1}\right)+\frac{\partial}{\partial\zeta_2}\left(A_M\frac{h_1}{h_2}D\frac{\partial U_2}{\partial\zeta_2}\right) \qquad (4.1.4)$$

4.湍流闭合方程

$$h_1h_2\frac{\partial(Dq^2)}{\partial t}+\frac{\partial(h_2DU_1q^2)}{\partial\zeta_1}+\frac{\partial(h_1DU_2q^2)}{\partial\zeta_2}+h_1h_2\frac{\partial\omega q^2}{\partial\sigma}$$

$$=h_1h_2\left\{\frac{2K_M}{D}\left[\left(\frac{\partial U_1}{\partial\sigma}\right)^2+\left(\frac{\partial U_2}{\partial\sigma}\right)^2+\frac{2g}{p_0}K_H\frac{\partial p}{\partial\sigma}-\frac{2q^3D}{A_1}\widetilde{W}\right]\right\}$$

$$+\frac{\partial}{\partial\zeta_1}\left(\frac{h_2}{h_1}A_HD\frac{\partial q^2}{\partial\zeta_1}\right)+\frac{\partial}{\partial\zeta_2}\left(\frac{h_1}{h_2}A_HD\frac{\partial q^2}{\partial\zeta_2}\right)+\frac{h_1h_2}{D}\frac{\partial}{\partial\sigma}\left(K_q\frac{\partial q^2}{\partial\sigma}\right)$$

$$(4.1.5)$$

$$h_1 h_2 \frac{\partial (Dq^2 l)}{\partial t} + \frac{\partial (h_2 DU_1 q^2 l)}{\partial \zeta_1} + \frac{\partial (h_1 DU_2 q^2 l)}{\partial \zeta_2} + h_1 h_2 \frac{\partial \omega q^2 l}{\partial \sigma}$$

$$= h_1 h_2 \left\{ \frac{l E_1 K_M}{D} \left[\left(\frac{\partial U_1}{\partial \sigma} \right)^2 + \left(\frac{\partial U_2}{\partial \sigma} \right)^2 + \frac{l E_g}{p_0} K_H \frac{\partial p}{\partial \sigma} - \frac{2q^3 D}{B_1} \widetilde{W} \right] \right\}$$

$$+ \frac{\partial}{\partial \zeta_1} \left(\frac{h_2}{h_1} A_H D \frac{\partial q^2 l}{\partial \zeta_1} \right) \frac{\partial}{\partial \zeta_2} \left(\frac{h_1}{h_2} A_H D \frac{\partial q^2 l}{\partial \zeta_2} \right) + \frac{h_1 h_2}{D} \frac{\partial}{\partial \sigma} \left(K_q \frac{\partial q^2 l}{\partial \sigma} \right)$$

$$(4.1.6)$$

式中：U_1, U_2, ω——sigma 坐标系下的流速分量；

$$\sigma = \frac{Z - \eta}{D}, D = H + \eta;$$

D, η 和 H——分别为瞬时水深，海面起伏，平均水深；

f——地转参数；

K_M 和 A_M——分别为垂直和水平黏性系数，K_M——由 $\frac{5}{2}$ 阶

湍封闭模式计算，A_M——遵从 Smagorinsky 假设；

$\dfrac{q^2}{2}, l$——湍动能，湍混合长；

ρ——海水密度，对于正压环流 ρ 为常量；

ρ_o——参考密度；

W——面壁近似函数（wall proximity function）$W = 1 +$

$E_2 \left(\dfrac{l}{KL} \right)$；

A_H——水平方向的扩散系数。

垂直紊动黏滞系数 K_H, K_q 分别由下列公式确定：

$$K_M = q l S_M, K_H = q l S_H, K_q = q l S_q \qquad (4.1.7)$$

S_M, S_H, S_q 为稳定函数。根据 Mellor and Yamada，S_M，

S_H，S_q 由下列方程组确定：

$$G_M = \frac{l^2}{q^2 D}\left[\left(\frac{\partial U_1}{\partial \sigma}\right)^2 + \left(\frac{\partial U_2}{\partial \sigma}\right)^2\right]$$

$$G_H = \frac{l^2}{q^2 D}\frac{g}{p_0}\frac{\partial p}{\partial \sigma}$$

$$S_M(6A_1 A_2 G_M) + S_H(1 - 2A_2 B_2 G_H - 12A_1 A_2 G_H) = A_2$$

$$S_M(1 + 6A_1{}^2 G_M - 9A_1 A_2 G_H) - S_H(12A_1{}^2 G_H + 9A_1 A_2 G_H A_2 B_2 G_H)$$
$$= A_1(1 - 3C_1)$$

$$S_q = 0.20 \tag{4.1.8}$$

A_1，A_2，B_1，B_2，C_1，E_1，E_2 为经验常数。由实验确定所得 (Mellor and Yamada) $(A_1, A_2, B_1, B_2, C_1, E_1, E_2) = (0.92, 0.74, 16.6, 10.1, 1, 0, 0.80, 1.8, 1.33)$

4.1.2　初始条件

因海洋的动力过程调整较快，初值一般取为 0。

$$U_1(x, y, \sigma, t) = 0$$

$$U_2(x, y, \sigma, t) = 0$$

$$\omega(x, y, \sigma, t) = 0$$

$$\zeta(x, y, t) = 0 \tag{4.1.9}$$

4.1.3　边界条件

1.海面边界条件

(1)运动学边界条件

$$\omega(x,y,0,t)=0 \qquad (4.1.10)$$

（2）动力学边界条件

$$\frac{p_0 K_M}{D}\frac{\partial U_1}{\partial \sigma}\Big|_{\sigma=0}\Big|=\tau_0\zeta_1; \frac{p_0 K_M}{D}\frac{\partial U_2}{\partial \sigma}\Big|_{\sigma=0}\Big|=\tau_0\zeta_2$$

$$q^2=B_1^{2/3}U_{\tau s}^2$$

$$q^2 l=0 \qquad (4.1.11)$$

式中：$U_{\tau s}$——海表摩擦速度；

$\tau_{0\zeta_1}$，$\tau_{0\zeta_2}$——风应力矢量在方向上的分量。

海表风应力的参数化形式为：

$$\vec{\tau}_0 p_a C_D |V_a|\vec{V}_a \qquad (4.1.12)$$

其中 C_D 的计算基于 Large 和 Pond 建立的中性稳定状态的拖曳系数。

$$C_D=1.2\times10^{-3} \qquad\qquad |\vec{V}_a|\leqslant11m/s$$

$$C_D=(0.49+0.065|\vec{V}_a|)\times10^{-3} \qquad 11m/s<|\vec{V}_a|<25m/s$$

$$C_D=0.49+0.065\times25\times10^{-3} \qquad |\vec{V}_a|>25m/s$$

$$(4.1.13)$$

2.海底边界条件

$$\frac{p_0 K_M}{D}\frac{\partial U_1}{\partial \sigma}\Big|_{\sigma=0}\Big|=\tau_b\zeta_1; \frac{p_0 K_M}{D}\frac{\partial U_2}{\partial \sigma}\Big|_{\sigma=-1}\Big|=\tau_b\zeta_2$$

$$q^2=B_1^{2/3}U_{\tau b}^2$$

$$q^2 l=0 \qquad (4.1.14)$$

$\tau_b \zeta_1$，$\tau_b \zeta_2$ 为底摩擦应力矢量 $\overline{\tau}_b$ 在 ζ_1，ζ_2 方向上的分量。$U_{\tau b}$ 是底摩擦速度；底应力拖曳系数 C_d 由近海底 z_{ab} 处的流速呈对数分布计算。

$$C_d = max \left(\kappa^2 \Big/ \ln \left(\frac{z_{ab}}{z_0} \right)^{2, 0.0025} \right) \qquad (4.1.15)$$

式中：κ——Von Karman 常数，$\kappa = 0.4$；

z_0——海底粗糙度，一般取为 $0.001 \sim 0.002$ m。

3. 侧边界条件

在侧边界上，法向流速为零，由于没有对流和扩散，温盐的法向梯度也为零。

4. 水边界条件

采用外海强迫水位输入：$\eta = \eta^*$ \qquad (4.1.16)

4.1.4 数值计算方法

ECOM 模式数值计算方法采用算子分裂法，将原来比较复杂的数学物理问题的求解分解成三个简单问题的连续求解过程。对于动量和连续方程，空间采用中央差格式，时间差分慢过程采用显式格式，快过程采用隐式格式，动量方程和连续方程联立求解。具体解法见文献（张越美，1999）。

4.1.5 变边界模型

当模拟的海域潮间带面积较大时,Ecom－Si 固定边界模型不能对其反映。孙英兰,张越美对 Ecom－Si 模型进行了改进(孙英兰,张越美,2001),发展为变边界模型,以干湿点方法模拟漫滩过程。实际做法是,在计算前先判别相应的格点是"湿"或"干"。如果是"干",那么该点的速度设为零;如果是"湿"通过求解对应的动量方程获得该点的速度值。假设流速点(i,j)总水深为$(\mathrm{d}u_{i,j}, \mathrm{d}v_{i,j})$,水位点总水深为 $D_{i,j}$,$\eta_{i,j}$ 为格点的水位,$H_{i,j}$ 为平均海平面起算的水体的深度。具体判别方法如下:

定义:$D_{i,j} = H_{i,j} + \eta_{i,j}$;

$\quad\quad \mathrm{d}u_{i,j} = 0.5 \times (D_{i,j} + D_{i-1,j})$;

$\quad\quad \mathrm{d}v_{i,j} = 0.5 \times (D_{i,j} + D_{i,j-1})$。

方向可能出现的水深空间分布情况为:

①$\mathrm{d}u_{i,j} > 0$;

②$D_{i,j} > 0$ 且 $D_{i-1,j} > 0$;

③$D_{i,j} > 0$ 且 $D_{i-1,j} < 0$ 且 $\eta_{i,j} - \eta_{i-1,j} > 0$;

④ $D_{i,j} < 0$ 且 $D_{i-1,j} > 0$ 且 $\eta_{i-1,j} - \eta_{i,j} > 0$。

其干湿判断规则如下:

1)如果满足②自然满足①,则流速点为湿点。

2)如果满足①和③;或满足①和④,此时流速点为湿点。

3)其余情况,流速点为干点。

对于分量,其判别过程与之类似。为了避免动量方程求解过程中当网格露滩时出现奇异值,将设置一个总水深的最小值,露滩时对应点的水位取为该值。

4.2 平流扩散物质输运模型

对于溶解态污染物的迁移输运规律的模拟,采用平流扩散物质输运模型。

4.2.1 垂向—水平向正交曲线坐标下的物质输运方程

垂直—水平向正交曲线坐标下的物质运输方程如下所示:

$$\frac{\partial(CD)}{\partial t}+\frac{1}{h_1 h_2}\left[\frac{\partial(h_2 U_1 DC)}{\partial \xi_1}+\frac{\partial(h_1 U_2 DC)}{\partial \xi_2}\right]+\frac{\partial(\omega C)}{\partial \sigma}$$

$$=\frac{1}{h_1 h_2}\left[\frac{\partial}{\partial \xi_1}\left(\frac{h_2}{h_1}A_H D\frac{\partial C}{\partial \xi_1}\right)+\frac{\partial}{\partial \xi_2}\left(\frac{h_1}{h_2}A_H D\frac{\partial C}{\partial \xi_2}\right)\right]$$

$$+\frac{2}{D}\frac{\partial}{\partial \sigma}\left(K_H \frac{\partial C}{\partial \sigma}\right)+DQ \tag{4.1.17}$$

式中:C——水体内污染物浓度;

Q——单位时间内排入单位水体中的污染物的量;

A_H、K_H——分别为水平向和垂向扩散系数(由潮流数值模型求得),其他符号意义参见文献(孙英兰等,2001)。

4.2.2　定解条件

在陆边界、海面及海底无扩散,其法向梯度为零:

$$\frac{K_{\mathrm{H}}}{D}\left[\frac{\partial C}{\partial n}\right]=0$$

在开边界,污染物浓度计算按入流和出流的情况分别处理:

$$C=C' \qquad\qquad 入流段$$

$$\frac{\partial C}{\partial t}+V_{\mathrm{n}}\frac{\partial C}{\partial n}=0 \qquad 出流段$$

初始条件可以零值起算。

4.2.3　数值解法

采用有限差分分裂算子法,求解物质输运方程。在计算过程中,将每一时间进一步分为两个时间过程,在前半部,由局部变化项和对流扩散项显式求解;后半部,由局部变化项和垂向扩散项三点隐式循环迭代,求得稳定解。

4.3　养殖环境容量的计算

养殖环境容量是一个包含养殖生态学、养殖经济学、环境生态学、物理海洋学等多学科交叉,受多种因素共同影响的复杂的科学命题。由于不同学者关注的侧重点不同,对于养殖环境容量的含义也有两种不同的理解:一是从养殖生态角度提出的,是容量概念在水产养殖上的应用,侧重于最大养殖产量的概念;二是从环境保护角度提出的,是环境能承受的最大养殖排污量。本书所指养殖环境容量含义主要是后者,是以养殖区域周围的海域环境标准为约束的容量。

从环境保护角度分析的养殖环境容量以现有污染源的排污量为基础,以研究海域的功能区划为水质控制标准,通过建立污染源与水质之间的响应关系,估算容许的养殖排污负荷量以及削减量(蔡惠文,2004)。

4.3.1 浓度模型基础上的响应关系建立

1.响应系数场

设第 i 个污染源单独形成的浓度场 C_i 为:

$$C_i(x_k,y_k)=(x_k,y_k)\times Q_i, \qquad i=1,m$$
$$k=1,n$$

式中:$C_i(x_k,y_k)$——第 i 个污染源形成的浓度场;

Q_i——第 i 个污染源源强;

$a_i(x_k,y_k)$——响应系数场。$a_i(x_k,y_k)$ 表征了研究海域内水质对某污染源的响应关系。

2.分担率场

分担率是指某污染源的影响在海区总污染影响中所占的份

额(或百分率)。表明某污染源对水体污染所做出的"贡献"。公式表示如下:

$$r_i(x_k,y_k) = \frac{C_i(x_k,y_k)}{C(x_k,y_k)} = \frac{C_i(x_k,y_k)}{\sum_{i=1}^{m} C_i(x_k,y_k)}$$

4.3.2　养殖污染源的允许排放量

养殖环境容量的确定以研究海域内各养殖污染源的最大允许排污量为基础。计算步骤:

1)根据功能区划确定水质控制目标 $C_0(x_k,y_k)$。

2)利用已建立的响应系数场 $\alpha_i(x_k,y_k)$ 和分担率场 $y_i(x_k,y_k)$ 计算在满足水质目标条件下第 i 个污染源的分担浓度值 $C_{0i}(x_k,y_k)$。

3)根据 $C_0i(x_k,y_k)$ 求出满足水质目标条件下第 i 个污染源的允许排放量。

因为 $C_{0i}(x_k,y_k) = y_i(x_k,y_k) \cdot C_0(x_k,y_k)$,

又因为 $C_{0i}(x_k,y_k) = \alpha_i(x_k,y_k) \cdot P_{0i}$

所以,最大允许排放量 P_{0i}:

$$P_{0i} = \frac{y_i(x_k,y_k) - C_0(x_k,y_k)}{\alpha_i(x_k,y_k)}$$

本书所涉及的另外两个重要的模型为颗粒物的拉格朗日粒子追踪模型和沉降颗粒物的再悬浮模型,分别单独作为一章进行较为详细的介绍。

第 5 章

沉积物再悬浮模型

在浅海环境中,沉积物的再悬浮和输运极大地影响了海水中光的可获性和初级生产过程,而且泥质沉积物的再悬浮、沉降和输运过程在一定程度上影响了营养盐的输运。沉积物通过再悬浮过程影响沉积物—水界面的物质交换,对生源要素(碳、氮、磷、硅)的物质循环有重要的影响。富营养化海域沉积物的溶出是海域生源要素的重要来源,可以通过释放营养盐的过程和改变水体中光衰减系数而影响水体的生态结构。

Enell(1988)对影响间隙水中磷营养盐的再生、输运过程的因素进行了综述,描述了磷在各种富营养系统间隙水中的时空分布,并讨论了影响磷通量的各种因素:如吸附、沉淀、对流以及生物扰动。Matisoff 等(1998)在实验室中以放射性 radionuclide ^{22}Na 作为示踪物,研究生物扰动在沉积物与上覆水之间的溶解扩散的影响作用。研究发现:在沉积物中注入生物后,生物扰动区的溶解扩散系数明显比未受影响的地区高,而且沉积物—水界面的溶解交换随底栖动物种类和密度而变化。

5.1 沉积物—海水界面营养盐交换的影响因素

沉积物间隙水中较高浓度的营养盐将通过分子扩散作用向上覆水中转移,这是沉积物—海水界面营养盐交换的重要方式。除了受分子扩散的影响外,营养盐交换还受沉积物表面的生物冲洗和生物扰动,以及由海底地形与波浪及潮流相互作用引起的湍涡和物理过程的影响。因此,界面上营养盐的交换随海域的不同差别较大。

吴增茂等以沉积物—海水界面间物质交换通量为主要研究对象,对生物活动在交换通量中的影响进行了综述和讨论(吴增茂等,1996;2002)。

5.1.1 生物扰动

海底动物的扰动作用将会增加营养盐的释放通量。基于不同种类和密度生物的微型生态围隔(Microcosm)实验提出了以下 4 种形式的沉积物—海水交界面生物扰动增强溶质通量的模型。

1.增强扩散模式

$$\frac{\partial c_i}{\partial t} = D_e \frac{\partial^2 c_i}{\partial x^2} - \lambda c_i \tag{5.1.1}$$

该模型在应用中的关键性问题是如何确定被混合层厚度以及生物扰动作用导致的扩散系数 D_e。

2.圆筒洞窟生物冲洗的扩散模式

$$\frac{\partial c_i}{\partial t} = D_s \frac{\partial^2 c_i}{\partial x^2} + \frac{D\xi}{\gamma} \frac{\partial}{\partial \gamma} \left(\gamma \frac{\partial c_i}{\partial \gamma} \right) - \lambda c_i \tag{5.1.2}$$

需要指出的一个问题是：不同海区，其底栖生物种类和生物密度不同，因此，生物活动对沉积物—海水界面的物质交换通量的影响不同，难以用统一的模式来对其影响进行估算，而如何确定参数也是非常重要的。

3.混合区溶质的非局地交换模式

$$\frac{\partial c_i}{\partial t} = D_s \frac{\partial^2 c_i}{\partial x^2} - \alpha (c_i - c_0) - \lambda c_i \tag{5.1.3}$$

Devol 等在总结前人研究的基础上，依据他们在东北太平洋边缘浅海使用海底三脚架直接测得的各种营养盐物质通量，提出了以下的通量模式：

$$F_i = \varphi D_s \frac{\partial c_i}{\partial z} + \alpha \int_0^{2c} (c'_0 - c'_i) \mathrm{d}z \tag{5.1.4}$$

该方程中是将总的通量分成了两部分,第一项为纯扩散通量,第二项是底栖生物活动引起的交换通量。

在应用中利用积分中值定理可将上式改变为如下形式将更便于使用:

$$F_i = \varphi D_s \frac{\partial c_i}{\partial z} + \alpha \overline{(c'_0 - c'_i)} Z_c$$

(5.1.5)

5.1.2　底动力影响机制

再悬浮过程包括很复杂的机制,目前关于该机制的了解尚不太清楚,关于沉积物悬浮过程的模拟也是浅海数值计算中的难题。这些颗粒状物质因大小不同,在水体内的悬浮时间、分布以及受周围物理环境场的影响也不同。悬浮沉积物在水体中的溶解和聚合将导致其质量和密度发生变化。由于溶解和聚合过程与多种因素有关,要从数值计算中精确的模拟这些复杂过程并非容易。关于颗粒物再悬浮过程的研究,许多是关于不同粒径的泥沙起动速度的研究,如窦国仁,曹祖德等,而且他们的研究已经取得了非常有价值的研究成果(窦国仁,1999;曹祖德,1994)。临界流速或临界剪切应力常常是作为沉降颗粒物是否会发生再悬浮的判据。

沉积物的起动、再悬浮、输运、沉降、絮凝等过程是沉积动力学研究的重要内容,我们对沉积物悬浮过程的模拟在精度上的要求并不像浅海地质学家那么高,简化的沉积物模型可以帮助我们对过程的了解。

浅海底边界动力过程控制了颗粒物的沉降、再悬浮,对沉积物的起动、搬运、沉降、再悬浮、再搬运等起着非常重要的作用,这些过程也是现代沉积动力学研究的热点。美国自然科学基金会公布的《洋陆边缘科学计划 2004》,确定了洋陆边缘的 4 个主要研究领域,其中源—汇系统的一个重要研究内容就是沉积物和溶解质从源到汇的产出、转换和堆积(高抒,2005),这都离不开对底边界动力过程的深刻认识。汪亚平等(2000)对海底边界层水流结构及底移质搬运研究进展进行了全面的综述,给出了潮流、浪流相互作用下底边界层厚度、流速分布及底移质输运公式,指出浪致底边界层厚度远小于潮流边界层,但浪致底应力在泥沙起动中起重要作用。

真正将水柱湍流状态、海底边界动力过程和沉积物—水界面交换联系在一起的是欧盟 18 个研究所于 1998~2001 年执行的"陆架海垂直交换过程研究(PROVESS)"计划,其目的是以观测和模型研究北海两个不同区域(能量强、弱)垂直湍流交换及其对颗粒物、浮游动物等的垂直交换,特别关注海底浮泥层和沉积物在水柱循环中的重要性。该研究成果以观测和数值模拟研究了北海的湍流细结构,探讨了莱茵河口、荷兰沿岸(强能量区)水华期悬浮颗粒物动力学(再悬浮、絮凝等),北部层化深水区(弱能量区)底浮泥层在潮流作用下的再悬浮,最后以考虑底动力过程对沉积物—水界面物质交换影响和水柱湍流混合、底栖—水层耦合的生态模型(PROWQM)讨论了水柱中的物质循环(Burchard et al, 2002;McCandliss et al, 2002;Jagoa et al, 2002;Lee et al, 2002)。

　　近年来,以现场观测为基础,我们探讨水动力条件对颗粒物动力过程的影响,探讨不同粒径和物质组成对沉积物临界起动应力、沉降速度的影响,了解湍流混合特征对颗粒物絮凝的限制,以获得的参数化方案建立悬浮颗粒物输运的动力学模型,为探讨中国近海沉积物源汇及冲淤格局打下基础。

　　随着颗粒物粒径和浓度的现场观测资料的丰富,特别是从声学流速仪推算颗粒物浓度,获得流场结构资料,底边界动力过程与沉积物的起动、再悬浮、沉降等过程的关系逐渐被深刻揭示。以声学后向散射强度反演颗粒物浓度,获得颗粒物起动速度、临界应力、沉降速度,探讨颗粒物的启动、再悬浮等与底边界动力过程的关系;以浊度梯度连续观测、颗粒物组成分析和同位素示踪等方法,推算底边界颗粒物交换通量和交换能力,探讨沉积物—水界面交换对底边界动力过程的响应,已成为颗粒物动力学不可或缺的研究方法。通过集成先进设备的海床基平台观测和船基观测,获得高分辨率流速剖面、底边界流场结构(PCADP可分辨1m范围内1cm单元的流速剖面,可以初步获得海浪边界层现场数据)、温盐剖面、气象数据、海浪特征,获得底边界层动力学参数,以了解实验海区的垂直混合特征、层化、潮波、浪流相互作用等水动力条件对底边界动力结构的影响(魏皓等,2006)。

5.2 沉积物再悬浮模式

水体中悬浮沉积物浓度的控制方程可以表示为：

$$\frac{\partial DC}{\partial t}+\frac{\partial UDC}{\partial x}+\frac{\partial VDC}{\partial y}+\frac{\partial (W-W_s)DC}{\partial \sigma}$$

$$=\frac{1}{D}\frac{\partial}{\partial \sigma}\left(K_H\frac{\partial DC}{\partial \sigma}\right)+DF_e \tag{5.2.1}$$

式中：C——悬浮物浓度；

W_s——悬浮沉积物的沉降速率；

F_c——沉积物水平湍流扩散项。

在水面，$\sigma=0$ 处，$W_s C+\frac{1}{D}\left(K_H\frac{\partial C}{\partial \sigma}\right)=0$

在海底，$\sigma=-1$ 处，$W_s C+\frac{1}{D}\left(K_H\frac{\partial C}{\partial \sigma}\right)=F_s-F_e$

式中 F_s，F_e 分别为单位面积单位时间内沉积物再悬浮通量（或侵蚀通量）和沉积通量。

再悬浮通量：$F_s=M\left(\frac{\tau_b}{\tau_{ce}}-1\right)$ \tag{5.2.2}

式中：F_s——再悬浮通量，$kg/m^2/s$；

τ_b——底部剪切应力；

τ_{ce}——临界冲刷剪切应力；

M——侵蚀常量,$kg/m^2/s$。

当底部剪切应力超过临界冲刷剪切应力时,海底沉积物将发生再悬浮。再悬浮通量与侵蚀常量成正比。

1.底部剪切应力

底部剪切应力采用下面的公式进行计算:

$$\tau_b = pu_*{}^2 \tag{5.2.3}$$

式中:ρ——海水的密度($1\,025kg/m^3$);

　　u_*——底剪切速度,由下式给出:

$$u_* = \frac{\kappa u}{ln\,(z/z_0)} \tag{5.2.4}$$

式中:κ——von karman 常数,$\kappa=0.4$;

　　u——模式近底处的速度;

　　z——模式最底层厚度的一半;

　　z_0——底部粗糙率,对于淤泥质底 $=2\times10^{-4}$(Soulsby,1983)。

2.临界冲刷剪切应力

关于颗粒物再悬浮或临界侵蚀(临界冲刷)应力的取值,多数引自对不同粒径泥沙的研究资料。国内的窦国仁、曹祖德等对泥沙的再悬浮起动速率或起动应力做了大量研究,而且取得了非常有价值的研究成果。其中,窦国仁(1999)总结了 40 年来从事泥沙起动研究工作的成果,通过瞬时作用流速,明确了三种起动状态(将动未动、少量动和普遍动)间的关系,消除了起动切应力和起动流速间的不协调,对所推导的起动切应力和起动流速公式进行了较为全面的验证。通过公式计算的起动流速与泥沙粒径的关系图与国内外的许多学者的研究资料吻合良好。

关于临界再悬浮流速或临界再悬浮应力的确定,各研究者的结果并不一致。Dudley 借助于水下侵蚀过程录像以及测量取样点的混浊度,绘制悬浮颗粒物浓度和临界再悬浮速度图。当颗粒物浓度明显增高时,所对应的速度确定为临界再悬浮速度,其值在 33~50cm/s 之间(Dudley,2000);也有文献将临界剪切流速取 9.5cm/s、10cm/s 或 15cm/s 不等(Jonge,1987;Cromey,2002)。江文胜等的研究中所取临界剪切速度为 0.87cm/s (Wensheng Jiang et al. 2004)。

美国 Okeechobee 湖底的临界再悬浮应力为 $0.032N/m^2$ (James,1997),Lund—Hansen 在几个沿海地区观测到的底剪切应力为 $0.015N/m^2$(Lund—Hansen,1997)。秦伯强等所得中国太湖的临界再悬浮应力为 $0.037N/m^2$(秦伯强等,2003)。而 Cromey 在预测苏格兰网箱养鱼场废物再悬浮影响时取临界应力值为 $0.018 N/m^2$(Cromey,2002)。

但是,养殖产生的颗粒物(主要是粪便和未食残饵)的物理特性与泥沙颗粒并不相同,粒径大小相同的颗粒其密度要比泥沙小。而且,刚刚沉降到海底的颗粒物相比于泥沙更容易发生再悬浮。Panchang 等(1997)发现,网箱养殖产生的颗粒态废物沉入海底后,其再悬浮过程对流速非常敏感。在具有较高流速的环境中,颗粒废物更易于发生再悬浮和随流扩散。Beaulieu 关于浮游生物碎屑的再悬浮的研究也说明刚刚沉降的颗粒物更易于发生再悬浮(Beaulieu,2003)。

根据不同作者的实验结果得出临界冲刷剪切应力取值一般在 $0.01 \sim 0.1 \mathrm{N/m^2}$ 之间。胶南海域养殖区水深约 $15 \sim 20 \mathrm{m}$,养殖区底部沉积物属于淤泥底质,与 Cromey 在苏格兰网箱养殖场区的研究海域环境条件较为相似(淤泥质,水深在 $20 \sim 40 \mathrm{m}$ 范围内),因此,临界剪切应力取 $0.022 \mathrm{N/m^2}$。

3.侵蚀常量的选取

关于侵蚀常量的取值系根据 Cromey 在研究苏格兰网箱养殖场底部沉积物的再悬浮时采用的数值: $7 \times 10^{-7} \mathrm{kg/m^2/s}$ (Cromey,2002)。比曹祖德、王运洪等通过试验(曹祖德和王运洪,1994)确定的泥沙冲刷常量 $6.4 \times 10^{-3} \mathrm{kg/m^2/s}$ 小。

5.3 营养盐的再悬浮释放量

5.3.1 相关假设

一般情况下,再悬浮过程往往取决于底流速或者底应力。但有时候受到外部环境条件的变化影响(如大风或大浪),阶段性发生的再悬浮过程的影响非常显著。象山港海域在"海葵"台风过境后出现相当大规模的赤潮爆发,这与台风过境导致的海水混合和交换加剧致使海底发生再悬浮,营养盐的显著增加,浮游植物的迅速增殖密切相关(蔡惠文等,2015)。但大风浪天气下导致的再悬浮过程的模拟需要大量的资料来验证,而且是非常规状态,不具有普遍性。因此,本书将应用一些参数将该过程进行简化,仅考虑正常天气状况下,由潮流作用导致的再悬浮,主要通过判断底应力是否大于临界剪切应力来决定再悬浮过程是否发生。另外,所考虑的再悬浮是海底已有沉积物的再悬浮过程,而忽略

了刚刚沉降到海底的颗粒物,以及该部分沉积物的再悬浮。因此,将沉积物的一些特征作相应假设:

1)沉积物再悬浮之后,其化学组分不发生变化。

2)化学组分在沉积物中均匀分布,即沉积物中的营养盐浓度分布均匀,由底部进入水体内的营养盐释放通量与底应力所造成的沉积物再悬浮通量成正比。

5.3.2　沉积物中的营养盐含量

根据《中国海湾志·第十四分册》,琅琊湾沉积物中的总氮含量在 0.018%~0.052% 之间,本书取其较大值 0.052%。对于沉积物中的磷含量,则引自类似海区的网箱养殖区底部表层沉积物中的含磷量,取为 0.019%。

5.3.3　再悬浮释放量

本书主要关注网箱养殖过程中产生的残饵和粪便颗粒物沉降到海底后,在水动力作用下再悬浮过程释放的营养盐。虽然非养殖区海底中的有机物也可能在浪、流作用下发生再悬浮,但胶南海域水质和沉积物质量都比较好,目前基本没有工业排污等外来污染源输人。因此,在本书忽略养殖区范围之外的海底再悬浮过程中营养盐的释放,仅把养殖范围内底部的再悬浮释放通量作为内部污染源。

经预测,网箱养殖区底部的再悬浮通量 M 约为 7.5×10^{-7} $kg/m^2/s$(临界底应力取 $0.022N/m^2$)。

根据假定,当发生再悬浮时,悬浮沉积物中的营养盐全部释放。则计算所得养殖区内氮的释放量在 $(5.3 \sim 6.6) \times 10^{-5}$ kg/s 之间,总释放量为 $5.73 \times 10^{-4} kg/s$;磷的释放量在 $(1.9 \sim 2.4) \times 10^{-5} kg/s$ 范围内,释放总量为 $2.09 \times 10^{-4} kg/s$。

通过该模型计算所得再悬浮释放量是理论最大释放量,可能与实际海区的情况有差别。但大量的实际观测表明,再悬浮过程确实会增加营养盐从沉积物向水体的释放。比如,方建光等(1996)在实践中发现,在海带的生长季节里,大风和浪流等物理水文因素可以大幅度提高沉积物向水体释放的无机氮的量,从而使初级生产力提高,海带的实际增产也证实了这一问题。

营养盐的释放量往往随季节和温度的不同而有较大的差异,但受资料缺乏的限制,本书并没有考虑这种季节间的变化,也没有将生物扰动过程对营养盐释放率的影响考虑在内。

5.4　小结

海底沉积物的再悬浮是一个非常复杂的过程,目前已有一些学者对再悬浮的机制进行了一些探讨(吴增茂等,1996,2002;魏皓等,2006;秦伯强,2002,2003)。本书通过借鉴一些经验的假定和文献中的参数,以临界再悬浮应力作为沉积物再悬浮的判据,对养殖区底部沉积物的再悬浮过程进行了初步的探讨和粗略的预测,对再悬浮过程中营养盐的释放进行了估算。氮的释放总量为 $5.73 \times 10^{-4} \mathrm{kg/s}$;磷的释放总量为 $2.09 \times 10^{-4} \mathrm{kg/s}$。

本书对养殖生产过程产生的重要影响之海底沉积物进行了较为全面的考虑,除静态释放外,对养殖区底部的沉积物在动力作用下的再悬浮及营养盐的释放过程进行了预测和描述,这也是本书的创新之处。了解投饵养殖系统内底部营养盐在再悬浮过程中的释放,可以帮助养殖污染负荷的确定与完善,是一项颇有实际意义的工作。

第6章

拉格朗日粒子追踪模型

拉格朗日框架下的粒子追踪法是将连续介质划分成许多小的独立的"粒子",每个粒子都具有一定的物理性质,这里指的物理性质是广泛的,如速度、密度、溶解物质及颗粒物的浓度等。在流场中各个粒子都将随流体运动,然后在每个网格内将这些粒子所带有的物理性质平均,就得到这一时刻网格点上的函数值。

拉格朗日粒子追踪模型的优点在于:数值耗散的影响较小。在欧拉框架下对物质输运的模拟过程中,在点源释放的物质会在一个网格内瞬间混合,而拉格朗日追踪模式则在各个计算网格中独立。

Bugliarello and Jackson (1964)可能是最早使用粒子追踪和随机走步技术研究物质输运过程的研究者之一。由于粒子追踪方法的广泛适用性,已被用于模拟各种各样的水质问题。如江文胜,孙文心(2001)研究并改造了汉堡大学的粒子追踪模式——悬浮物输运的三维模式,作者利用该模式得出在潮流、风海流和风浪作用驱动下由黄河口排放的细颗粒物质的分布和输运。粒子追踪模型已广泛用于悬浮颗粒物的输运追踪,溢油轨迹的追踪等。但将其用于水产养殖产生的污染物的研究还是近几年的事情。

Chris J.Cromey(2002)发展了粒子追踪模型 DEPOMOD,用于养殖产生的固体废物的沉降与扩散。在已知研究海域的水动力条件以及残饵和粪便废物的产生率等相关资料情况下,可以应用该追踪模型预测颗粒的初始沉降位置;根据近底流场及再悬浮模型预测固体在海底的净沉积;由底栖生物群落的分布特征与固体废物积累之间的定量关系,进一步预测对底栖生物的影响程度以及底栖动物群落的相关变化。同时,DEPOMOD 模型还能预测食物中添加的药物颗粒的扩散。

Doglioli(2004)将拉格朗日粒子模型 LAMP3D 耦合到三维水动力学模型 POM 中,模拟了海水网箱养殖产生废物的扩散。通过改变不同有机物(溶解性营养盐、粪便物、残饵)的沉降速率和释放条件,预测了氮、磷、有机碳等养殖产生废物的扩散,并与现场试验数据进行了比较。模拟结果显示,溶解性物质在风和表层流的影响下迅速稀释、扩散,而颗粒性物质主要存在于养殖场周围,并易于沉降。

在应用粒子追踪技术以及其他模型进行养殖产生的固体颗粒废物的扩散、分布及沉降预测中,经常因固体颗粒沉降速率资料的缺乏,而在模型中进行许多假设,或者借用已有文献中的数据资料,导致模型中某些方面的不足,在一定程度上限制了模型对实际情况的反映。因此,一些研究者开展了关于粪便颗粒和残余饵料颗粒沉降速率的研究与测定。

Chen(1999)等对鲈鱼和海鲷网箱养殖进行了一系列调查与实验,确定了不同环境条件(温度和盐度)下,不同大小的饵料颗粒的沉降速率。该研究得出了许多有价值的数据,将其结合到固体废物扩散模型中,减少了模型中的假设部分,有效改进了对固体废物扩散及分布的模拟,增加了模型的实际应用价值。

Shona H. Magill(2006)将不同颗粒的沉降速率与颗粒的体积分布相结合,用粒子追踪软件较为准确的确定了鲈鱼和海鲷两种养殖鱼类的粪便颗粒沉降速度。结果显示,考虑颗粒的体积分布所得沉降通量与用平均颗粒沉降速度所得结果差异显著;另外,不同的养殖品种,其粪便在国内,受研究条件的限制,应用粒子追踪模型进行养殖产生的颗粒物的追踪预测研究尚未见报道。本书利用三维质点追踪模式,对残饵和粪便颗粒的输运轨迹进行了数值模拟。

6.1　颗粒运动轨迹

粒子在海水中的运动主要是平流作用下的位移和湍流作用下的扩散的共同作用。因此,在模拟粒子的轨迹时,将每个粒子的运动看成是两部分的和。一是与潮流作用相关的跟随流体的对流运动,该过程可以通过确定性方法进行模拟;二是与湍流相关的快变化部分,将湍流视为随机流动,用随机性方法模拟粒子在水体中的扩散过程。

6.1.1　计算原理

正交曲线坐标下的物质输运方程:

$$h_1 h_2 \frac{\partial(DC)}{\partial t} + \frac{\partial}{\partial \xi_1}(h_2 U_1 DC) + \frac{\partial}{\partial \xi_2}(h_2 U_2 DC) + h_1 h_2 \frac{\partial(\omega C)}{\partial \sigma}$$

$$= \frac{\partial}{\partial \xi_1}\left(\frac{h_2}{h_1} A_H D \frac{\partial C}{\partial \xi_1}\right) + \frac{\partial}{\partial \xi_2}\left(\frac{h_1}{h_2} A_H D \frac{\partial C}{\partial \xi_2}\right) + \frac{h_1 h_2}{D} \frac{\partial}{\partial \sigma}\left(K_H \frac{\partial C}{\partial \sigma}\right)$$

$$(6.1.1)$$

其中

$$\omega = W - \frac{1}{h_1 h_2}\left[h_2 U_1\left(\sigma\frac{\partial D}{\partial \xi_1}+\frac{\partial \eta}{\partial \xi_1}\right)+h_1 U_2\left(\sigma\frac{\partial D}{\partial \xi_2}+\frac{\partial \eta}{\partial \xi_2}\right)\right]$$

$$-\left[\sigma\frac{\partial D}{\partial t}+\frac{\partial \eta}{\partial t}\right] \tag{6.1.2}$$

在方程(6.1.1)两边都加上:

$$\frac{\partial}{\partial \xi_1}\left[\frac{\partial}{\partial \xi_1}\left(\frac{A_H}{h_1^2}h_1 h_2 D\right)C\right]+\frac{\partial}{\partial \xi_2}\left[\frac{\partial}{\partial \xi_2}\left(\frac{A_H}{h_2^2}h_1 h_2 D\right)C\right]$$

$$+\frac{\partial}{\partial \sigma}\left[\frac{\partial}{\partial \sigma}\left(\frac{K_H}{D^2}h_1 h_2 D\right)C\right] \tag{6.1.3}$$

重新整理后,物质输运方程变为:

$$\frac{\partial}{\partial t}(h_1 h_2 DC)+\frac{\partial}{\partial \xi_1}\left\{\left[\frac{U_1}{H_1}+\frac{1}{h_1 h_2 D}\frac{\partial}{\partial \xi_1}\left(\frac{A_H}{h_2^2}h_1 h_2 D\right)\right]h_1 h_2 DC\right\}$$

$$+\frac{\partial}{\partial \xi_2}\left\{\left[\frac{U_2}{H_2}+\frac{1}{h_1 h_2 D}\frac{\partial}{\partial \xi_2}\left(\frac{A_H}{h_2^2}h_1 h_2 D\right)\right]h_1 h_2 DC\right\}$$

$$+\frac{\partial}{\partial \sigma}\left\{\left[\frac{\omega}{D}+\frac{1}{h_1 h_2 D}\frac{\partial}{\partial \sigma}\left(\frac{K_H}{D_2}h_1 h_2 D\right)\right]h_1 h_2 DC\right\}$$

$$=\frac{\partial}{\partial \xi_1^2}\left(\frac{A_H}{h_2^2 D}\right)+\frac{\partial}{\partial \xi_2^2}\left(\frac{A_H}{h_2^2}h_1 h_2 D\right)+\frac{\partial}{\partial \sigma^2}\left(\frac{K_H}{D^2}h_1 h_2 DC\right)$$

$$\tag{6.1.4}$$

在随机走步模型中,颗粒的位置由非线性 Largevin 方程控制,即

$$\frac{\mathrm{d}\vec{X}}{\mathrm{d}t}=A(\vec{X},t)+B(\vec{X},t)Z_n \tag{6.1.5}$$

式中:$\vec{X}(t)$,$A(\vec{X},t)$ 和 $B(\vec{X},t)$ 都是矢量;

$\vec{X}(t)$——粒子的位置；

$A(\vec{X},t)$——由平流输运确定的粒子的位置；

$B(\vec{X},t)$——粒子的随机扩散；$\vec{Z}(t)$——0—1 的随机变量。

如果定义 f 为条件密度函数 $f=f(\vec{X},t\,|\,\vec{X}_0,t_0)$，$\vec{X}_0$ 为粒子在 t_0 时刻的初始位置。数值密度将满足 Ito－Fokker－Planck Equation 方程，但会受粒子数目（当粒子数目很多时）和时间步长（时间步长很小时）的约束（Kinzelbach，1988；Tompson and Gelhar，1990）。

$$\frac{\partial f}{\partial t}+\frac{\partial}{\partial \vec{X}}(Af)=\nabla^2\left(\frac{1}{2}BB^Tf\right) \tag{6.1.6}$$

因此，如果 $f=h_1h_2DC$，

$$A=\begin{bmatrix}\dfrac{U_1}{h_1}+\dfrac{1}{h_1h_2D}\dfrac{\partial}{\partial \xi_1}\left(\dfrac{A_H}{h_1^{\,2}}h_1h_2D\right)\\[3mm]\dfrac{U_2}{h_2}+\dfrac{1}{h_1h_2D}\dfrac{\partial}{\partial \xi_2}\left(\dfrac{A_H}{h_2^{\,2}}h_1h_2D\right)\\[3mm]\dfrac{\omega}{D}+\dfrac{1}{h_1h_2D}\dfrac{\partial}{\partial \sigma}\left(\dfrac{K_H}{D_2}h_1h_2D\right)\end{bmatrix} \tag{6.1.7}$$

且，$$\frac{1}{2}BB^T=\begin{bmatrix}\dfrac{A_H}{h_1^{\,2}} & 0 & 0\\[3mm]0 & \dfrac{A_H}{h_2^{\,2}} & 0\\[3mm]0 & 0 & \dfrac{K_H}{D^2}\end{bmatrix} \tag{6.1.8}$$

则物质输运方程(6.1.4)与 Ito－Fokker－Planck Equation 方程(6.1.6)一致。因此,可以确定 $A(\vec{X},t)$,$B(\vec{X},t)$,$\vec{X}(t)$ 以及粒子位置。

给定颗粒的初始位置 $P(x,y,t)$,则经过时间步长 t,颗粒的位置 $P(x,y,t+1)$ 可表达为:

$$P(x,y,t+1)=P(x,y,t)+u(z,t+1)\delta t+\gamma w_{step(x)}+v(z,t+1)\delta t+\gamma w_{step(y)} \qquad (6.1.9)$$

式中:u、v——x 和 y 方向的流速;

$\gamma w_{step(x)}$——水平随机扩散距离;

$\gamma w_{step(y)}$——垂直随机扩散距离。

在垂直方向上,粒子经过一个时间步长后的运动距离为:

$$P(z,t+1)=P(z,t)+vs\delta t+\gamma w_{step(z)} \qquad (6.1.10)$$

式中:vs——沉降速度;

$\gamma w_{step(z)}$——垂向随机扩散距离,$P(z,t+1)$ 为一个时间步长后粒子的新位置。

该过程以 x 方向为例说明粒子追踪过程。

1.对流运动

x_1,x_2 分别为粒子在 t,$t+\Delta t$ 时刻粒子距网格西边的距离,u_e,u_w 分别为网格西侧面和东侧面的流速值。

将 $u(x)$ 展开,得到 $u_w+u'_x$。

式中:$u'_x=\dfrac{\partial u}{\partial x}$ $\qquad (6.1.11)$

在一个网格内认为 $\dfrac{\partial u}{\partial x}$ 是常数，即 $u'_x = \dfrac{\partial u}{\partial x} = \dfrac{u_e - u_e}{\Delta x}$　(6.1.12)

于是，$\mathrm{d}x = u(x)\mathrm{d}t = (u_w + u'_x)$，积分后得：

$$\ln\left(\frac{u_w + x_2 u'_x}{u_w + x_1 u'_x}\right) = u'_x \Delta t \tag{6.1.13}$$

整理得到粒子在 t，$t + \Delta t$ 时刻距离网格西边界的距离：

$$x_2 = \frac{(u_w + x_1 u'_x)\mathrm{e}^{u'_x \Delta t} - u_w}{u'_x} \tag{6.1.14}$$

在 x 方向上经过时间后，粒子的净位移为：

$$\Delta x = x_2 - x_1 = \left(\frac{u_w}{u'_x} + x_1\right)(\mathrm{e}^{u'_x \Delta t} - 1) \tag{6.1.15}$$

如果在时间步长内粒子在运动过程中碰到网格的边界，那么运动将被分成多步来进行。粒子遇到网格边界时即进入另一个网格，并在剩下的时间 Δt_{rest} 内在新网格内运动 $\Delta t_{\mathrm{rest}} = \Delta t - \Delta t_1$。

其中 Δt_1 为粒子碰到网格边界之前的那段时间，可以由方程 (6.1.13) 得到。如果运动中再次碰到网格边界，将进入另一个网格，依次循环，直到 $\Delta t_{\mathrm{rest}} = 0$。

在粒子随时间向前运动过程中，可能会发生三种情况：

1）在一个时间步长内运动到同一个网格中的其他位置。

2）在小于一个时间步长的时间内穿越 x 方向的边界。

3）在小于一个时间步长的时间内穿越 y 方向的边界。

若粒子恰好遇到拐角，则可当作第二种情况或第三种情况来处理。

2.随机扩散

随机走步模型中的步长取决于粒子在湍流场中的时间和扩散系数(Allen,1982)。

假设随机运动符合正态分布,则随机扩散距离:

$$\gamma w_{\text{step}(x)} = \gamma w_{\text{dir}}\sqrt{2K_x\delta t} \qquad (6.1.16)$$

式中:W_{div}——由随机数生成器确定的随机数,其范围在$[-1,1]$之间;

K_x——x方向的水平扩散系数;

δt——时间步长。

6.1.2 边界条件处理

粒子在运动过程中,可能会到达海底、浮出海面、到达陆地边界或者随流运动到计算水边界。

在海面和海底边界上,有反射条件和无反射条件。本书中采用简单的反射条件,即粒子到达海底或海面时将被反射回水体内部。反射边界条件现在被广泛认为是模拟现实比较真实的一种方法,D.C.Hill et al.(2003)使用该方法建立了一个一维拉格朗日粒子追踪模式并成功地应用于 ADCP 观测资料的同化分析。

粒子在遇到边界时的反射机理可如图 6.1 所示。

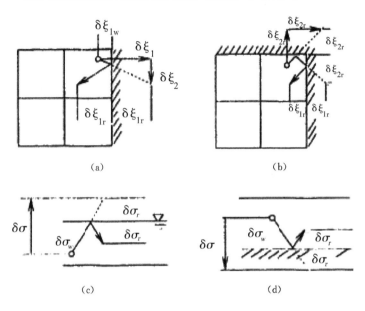

图 6.1 粒子遇到边界时间的反射机理

(a)粒子在 ξ_1 方向的陆边界的反射；　(b)粒子在 ξ_1,ξ_2 方向的陆边界的反射；

(c)粒子在海面的反射；　　　　　　(d)粒子在海底的反射

6.1.3　粒子追踪模型中参数的选取

1.粒子个数的选取

一般来讲,选取的粒子数目越多,模型计算结果的精度越高,但对计算机的内存要求也越大。而且,根据所研究问题的特点,可以选取能够反映研究情况的粒子个数就可以。对于网箱养殖产生的颗粒物的研究,受计算条件的限制,不同研究者选取粒子个数也不一致,从 5000～15000 不等。

2.扩散系数

根据 Gillibrand and Turrell(1997),水平扩散系数 kx,ky 和垂直扩散系数 kz 分别取值为 $kx = ky = 0.1 m^2/s$,$kz = 0.001 m^2/s$。Cromey 在模拟苏格兰网箱养殖产生颗粒的沉降及分布时采用该系数,取得的结果与实际情况符合良好(Cromey,2002)。本书在计算过程中,针对海域的具体情况对水平扩散系数和垂直扩散系数的取值进行了调整,水平扩散系数取值为 $0.01 m^2/s$,垂直扩散系数取 $0.001 m^2/s$。

3.时间步长

数值试验证明,颗粒轨迹对时间步长比较敏感。由于粪便颗粒的沉降速率较小,如果选取时间步长过大,不能真实地反映颗粒物的沉降过程。经调试,本粒子追踪模型选取时间步长为 1.5min。

4.沉降速度

如图 6.2 所示,颗粒在层化水体中的沉降过程受沉降速度、湍流和剪切流速的共同影响。细颗粒往往会随流扩散的距离较远,而粗颗粒则会在较短的时间内沉到海底,形成在海底的积累。

残饵颗粒和粪便颗粒物的沉降速度对于确定养殖废物的影响范围有较大的影响,已有一些研究者对颗粒物的沉降速率作了相关的试验研究和调查(Chen,2001;Cromey,2002)。Cromey的研究发现,饵料颗粒的沉降速率符合颗粒直径大小(mm)和沉降速度(cm/s)关系曲线:$y = 5.9775e^{0.079x}$。因此,可以根据养殖鱼的体重和颗粒大小应用此关系确定,这主要是针对颗粒饵料(人工饵料)的情况。

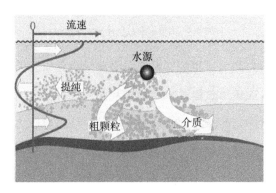

图 6.2　颗粒物沉降过程

图 6.3 为通过摄影仪记录所得鲈鱼(Sea Bass)和海鲷(Sea Bream)粪便颗粒的沉降过程图像(Chris Cromey)。据观测,不同养殖品种,其粪便颗粒的大小不同,粪便颗粒的沉降速度变化也较大,在 1.5~6.3cm/s 范围内(Panchang,1997)。据 Chen 的

实验室研究和现场调查,鲈鱼粪便颗粒的沉降速度大约为 0.7cm/s,海鲷粪便颗粒沉降速度还要小,约为 0.48cm/s(Chen, 2000)。本书以鲈鱼为研究对象,因此将其粪便颗粒的沉降速度取为 0.7cm/s。

鲈鱼粪便　　　　　　　　　　海鲷粪便

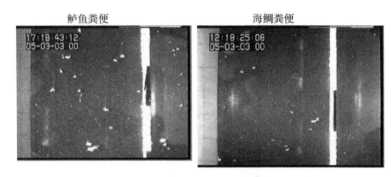

图 6.3　粪便颗粒的沉降过程图像

由于研究海域采用的饵料主要是鲜活杂鱼以玉筋鱼为主(又称面条鱼),残饵虽然也是重要的颗粒污染物,但由于目前的状况是投喂饵料采用碎杂鱼,与颗粒饲料情况不同,颗粒大小不一,难于给定统一的沉降速度。进行预测时,需要做许多的假定,对其在水体中的运动过程较难于把握,所得结果不一定反映实际情况。因此,仅考虑粪便颗粒的沉降过程。研究海域的养殖鱼种以鲈鱼、黑头鱼等为主,以鲈鱼作为代表性鱼种,对其粪便颗粒的沉降与分布进行分析。

6.2 模拟结果

　　本书通过粒子追踪模型给出了颗粒物在海底的最初沉降位置,但没有将粒子沉降后的再悬浮过程进行继续追踪。将粒子的初始水平位置放在网格中心,垂向位置放在 σ 层的第二层。

　　对某个粒子的运动轨迹进行模拟,并对其位置随时间的变化进行标示(图 6.4)。由于单个粒子运动的随机性太强,不能较为真实的反应颗粒物的运动轨迹,因此,将粒子数增加,对其轨迹进行模拟。为了比较清楚的表现粒子在垂向的运动轨迹,将初始位置作为坐标原点。改变粒子数目和水平扩散系数两个参数,对粒子轨迹进行模拟。粒子在不同参数条件下的轨迹分别如图6.5 至图 6.9 所示。图 6.9 为粒子轨迹在网格坐标下的图像。

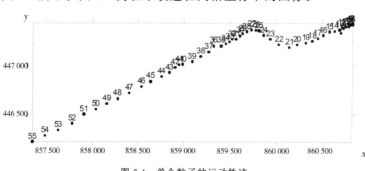

图 6.4　单个粒子的运动轨迹

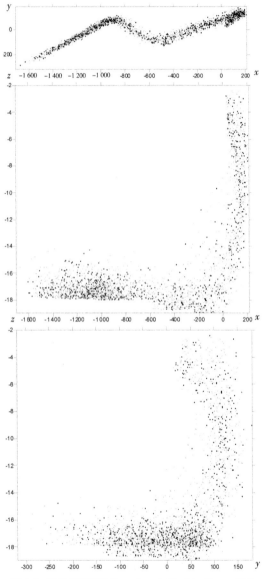

图 6.5　粒子运动轨迹($kx=ky=0.01\mathrm{m^2/s},\mathrm{Num}=100$)

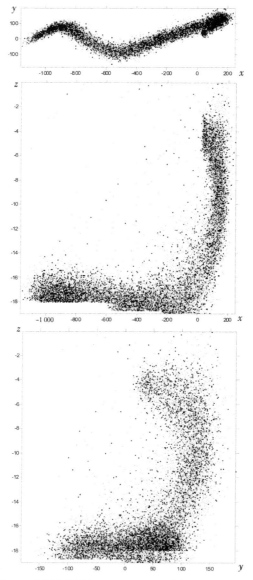

图 6.6　粒子运动轨迹($kx=ky=0.01\text{m}^2/\text{s}$, Num=1 000)

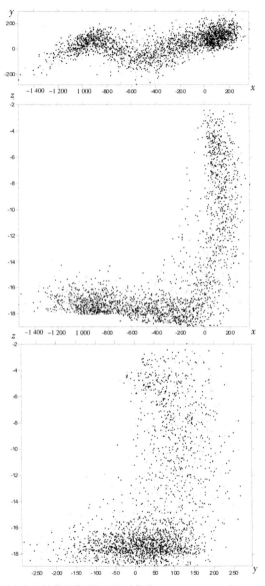

图 6.7　增大水平扩散系数后粒子运动轨迹（$kx=ky=0.1\mathrm{m}^2/\mathrm{s},\mathrm{Num}=100$）

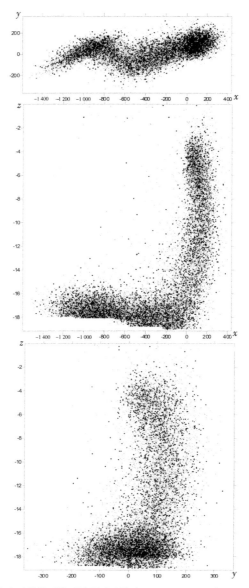

图 6.8　增大水平扩散系数后粒子运动轨迹($kx=ky=0.1\mathrm{m}^2/\mathrm{s}$,Num$=1\,000$)

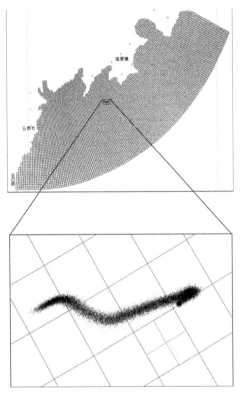

图 6.9　粒子在网格中的轨迹

可以看出,粒子在 x 方向的运动距离比在 y 方向的运动距离要远。在 y 方向经过大约 100m,粒子就开始大量沉降至底部;在 x 方向大约运动 400m 左右的距离后,开始大量沉到海底,粒子数目增加后,变化趋势更加明显。将水平扩散系数由 $0.01\text{m}^2/\text{s}$ 增加到 $0.1\text{m}^2/\text{s}$ 后,粒子的随机扩散效应非常明显,粒子的运动轨迹比原来更加分散。

6.3　小结

将粪便颗粒物以粒子代替,通过粒子追踪模型预测其影响。结果表明:粒子运动较短距离后就开始大量沉降,水平影响距离一般不超过 400m。因此,网箱养殖产生的颗粒废物对周围环境的影响主要在养殖区附近,是局部的,同时,其影响又是累积性的。

本模型能够模拟粒子在某个点源的瞬时释放,也可以模拟粒子在某个点源持续性释放情况下,颗粒态污染物的运动情况。本书所构建粒子追踪模型受空间步长的影响较小,可以预测在难以提高网格分辨率的情况下,污染物的影响。但该模型对计算机的内存要求需要比较高,尤其是当粒子数目较多,时间步长较小的时候。粒子数目由 1000 增加到 5000 时,对 CPU 的要求将提高3.5 倍。

第 7 章

胶南琅琊湾环境概况

琅琊湾是山东省胶南市(现属山东省青岛市黄岛区)沿岸的一个代表性深水网箱养殖海湾,故本书选取琅琊湾作为海水网箱养殖环境容量研究的案例研究海域,并对其自然环境和海水养殖发展状况进行描述。

7.1　自然环境

1.地理位置

琅琊湾位于山东省黄岛区南部,习称的琅琊湾为杨家洼港和陈家贡的总称。本书的琅琊湾专指陈家贡。

琅琊湾湾口介于小固嘴($35°37'16''$N, $119°47'23''$E)与大嘴($35°37'23''$N, $119°49'51''$E)之间。口向南开,湾口宽约 3.8km,湾口连线至湾顶距离 5.8km。海湾面积 $14.53km^2$,其中,0m 等深线以深面积 $4.6km^2$,一般水深 $2\sim3m$,最大水深 5m,岸线长度 6.46km。

湾北贡口以北,低潮线附近,建有一座拦海大坝。坝长 1650m,坝高 4.4m,宽 5m 多。坝内现建有养虾池、尹家山盐场,湾西岸贡口村建有小渔港,即贡口港,有石砌突堤码头 1 座,长 50m,宽 8m,低潮时干出。湾北有两条季节性河流入海。

2.水文、气象

1)风。年平均风速 3.9m/s。$1\sim5$ 月各月平均风速较大,在

4.0~4.5m/s 间,3 月份最大,为 4.5m/s。6~12 月各月平均风速较小,在 3.3~3.9m/s 间。其中 9 月份为 3.3m/s,为全年各月中风速最小月。强风向为 NNW,最大风速 23m/s,次强风向为 NW,风速 22m/s。常风向为 N 方向,频率 12%;其次为 S 向,频率 10%。各月最多风向为:9~翌年 3 月多 N 和 NNW 向风,1月 NNW 风频率达 19%;12 月 N 和 NNW 风,2 月份 N 向风,频率都为 17%;4~8 月多偏 S 风,6 月和 7 月多为 SE 风,频率都为 17%。历年定时观测最大风速 23m/s,风向为 NNW,出现于 1980 年 1 月 29 日。

2)气温。平均气温 12.2℃。历年最低气温 16.2℃(1976 年 1 月 3 日)。1 月份月平均气温 −1.7℃,8 月月平均气温 25.6℃。历年极端最高气温 37.4℃(1964 年 7 月 8 日),气温年较差 27.3℃。

3)降水。年平均降水量 794.9mm,最多年份 1458.3mm(1964 年)。最少年份 481.4mm(1977 年)。

4)雾。年平均雾日数 16.9d,最多年份 33d(1978 年),最少年份仅 7d(1964 年、1970 年、1971 年)。

5)潮汐、潮流。琅琊湾一个太阴日内有两次高潮和两次低潮,其潮汐类型判别数为 0.42,属正规半日潮。

$(W_{O1} + W_{K1})/W_{M2} = 0.45$,属正规半日潮流。

潮流场时、空分布琅琊湾从主港(青岛)高潮前 6h 开始涨潮,到主港高潮前 4h 流速达到最大,最大流速 35cm/s,方向 270°。最大落潮流速发生在主港高潮后 2h,最大流速为 29cm/s,流向 90°。最大涨潮流速大于最大落潮流速。潮流的旋转率为 −0.43,是顺时针旋转流。

6)余流。琅琊湾的余流流速不大,其量值为 9cm/s,方向 25°。

7)波浪。从 1960 年 3 月至 1961 年 12 月在董家口嘴目测的波浪资料(表 9.3.1)看,本湾常浪向为 SE 向,频率为 32%;次常浪向为 S 向,频率为 19%。强浪向为 NE 向,浪高为 8.0m。次强浪向为 S 向,浪高 7.0m。周期最长的方向为 NNW 向。平均周期为 5.19s,次长为 5.05s;平均波高为 0.4m。

3.地质、地貌

琅琊湾及其周边在大地构造上处于新华夏第二隆起带次级构造—胶南隆起的东部,南黄海盆地的西部。出露地层仅有元古界胶南群和第四系更新统、全新统。出露的岩浆岩是元古代的酸性和中性岩体。中生代燕山运动的侵入岩体。

琅琊湾是个原生海湾,是由于全新世海侵发生后,海水浸没原受岩性(主要是岩性接触的薄弱地带)和构造控制的剥离面上的低地(宽谷)而成,故海湾较狭长、浅平。两侧岗地因遭受海蚀,不断后退,发育形成了海蚀崖和海蚀平台,并使其具有台地的特色。侵蚀下来的物质,部分充填于岬间小湾内,形成了棋子湾村东、撒牛沟村南等处的古砾石堤及现代沙砾滩、堤;部分被搬离岸边成为湾底水下岸坡沉积物源或向湾顶运移,加之湾顶有诸小河流注入,沉积物源较丰富,又适水动力条件较弱,故湾顶潮滩发育。由于潮滩的淤积,其后缘不断退化,形成了环绕湾顶之窄条带状滨海低地平原与湿地。由于贡口——陈家贡拦海大坝的建成,坝内原湾顶潮滩已成为养虾池,不再受波浪、潮流的影响。坝前由于海底剖面调整而淤积,形成新的滩地,尤其是坝根两侧,淤涨较为明显。坝外之海湾两岸,处于侵蚀夷平过程中,即岬角海岸侵蚀,岬间湾岸接受两侧侵蚀物质的充填,但这两种过程均十分微弱,海岸相对稳定。

(1)海蚀地貌

1)海蚀崖。主要分布于拦海大坝以南岸段,高度多在 10m 以下,崖壁主要由胶南群变质岩构成(仅胡家山前嘴附近为花岗岩)。由于节理发育,岩石较破碎,海崖陡峭,崖面凹凸不平并有零星海蚀穴点缀,且中上部有植物生长,基部常有断续的沙砾滩分布。由花岗岩构成的胡家山前嘴附近的海蚀崖,里向海倾斜的岩坡,崖基多伴有小规模的沙滩。

2)海蚀平台。海蚀崖前都有不同宽度的海蚀平台共存,尤以波浪强烈侵蚀的岬角处最为发育,宽度可达数百米,自岸向海倾斜,倾角 1°～3°。台面参差,其上有零星砾石、岩块散布,局部有残存的锥柱状海蚀柱,如大咀岬角处。

另外,湾口鸭岛的海蚀平台也很宽平,鸭岛即是以礁平台为基座的岩滩堆积小岛。

(2)海积地貌

1)海积平原与滨海湿地。海积平原分布于拦湾大坝以北的临湾地带,呈条带状环绕海湾顶的弧形分布,高程均在 5m 之下。前缘常以滨海湿地草滩与潮滩(现多为虾池、盐田)过渡,后缘则多被改造为耕地。组成物质主要为含海相贝壳的砂质黏土、砂等。

2)海滩与砾石堤。海湾沿岸岬间小湾内和海蚀平台后缘,多有不同规模的沙砾滩断续分布,滩宽一般几米至十几米,小湾内可略宽些,达 20～30m,砾石以次棱角状居多,少浑圆状和棱角状岩屑,成分均为当地的变质岩。小湾内的沙砾滩物质的粒径有自两翼向湾顶变细。

另外,海湾两侧的棋子湾村东,撒牛沟村南等岬间小湾的湾顶,则有古砾石堤断续分布,呈长数百米至千余米的低岗充填于占海湾湾顶,堤顶高程可达 7～8m,前缘以较明显的斜坡或陡坎与高程在 5m 左右的现代砾石堤相接。古砾石堤之砾石纯净,分选好,以扁平状的浑圆、次圆形为主,极少见棱角状、次棱角状成分,岩性仍与围岩相同。这种古砾石堤的分选和磨圆远较现代沙砾滩、堤之砾石为好,堆积高度也大的现象,在鲁东沿海也是一种普遍现象。

4.沉积物类型及其分布特征

琅琊湾沉积物可分 5 种主要类型:细砂、粉砂质砂、砂质粉砂、粗粉砂、泥质粉砂等。湾中底质类型分布特点是纵贯南北长条分布,且东西两侧不对称。从湾南部和西部较细,而重金属、石油类含量较高为粗粉砂和粉砂质砂,不是最细的类型,故与吸附作用关系不大。但有机质和全氮含量以湾南部颗粒较细的站含量较高,而细砂则较低,可能与颗粒大小关系密切,湾内硫化物分布特征与重金属含量分布特征一致,与人类活动关系密切,而与底质类型关系不明显。此外,Eh 的分布与底质类型和地貌水动力条件(岛两侧,水浅)有关。

5.海洋生物资源

本书中关于海洋生物资源的资料主要依据 2005 年青岛海域

功能区划课题组关于海洋生物的调查资料。

(1)浮游植物

调查海域共获浮游植物 41 种,隶属于硅藻和甲藻 2 个浮游植物门。其中硅藻出现的种类和数量最多,共 39 种,占浮游植物种类组成的 95.12%;甲藻 9 种,占 4.88%。在细胞数量上占优势 的 种 类 有:具 槽 直 链 藻(Melosira sulcata)、辐 射 圆 筛 藻(Coscinodiscus radiatus)、线形圆筛藻(Coscinodiscus lineatus)、圆筛藻(Coscinodiscus)、星脐圆筛藻(Coscinodiscus asteromphalus)、虹彩圆筛藻(Coscinodiscus oculusiridis)、中华盒形藻(Biddulphia sinensis)、钝角盒形藻(Biddulphia obtusa)、盒形藻(Biddulphia)、蜂窝三角藻(Triceratium favus)、辐裥藻(Actinocyclus)、密连角毛藻(Chaetoceros densus)、角毛藻(Chaetoce)、斯托根管藻(Rhizosolenia setigera)、翼根管藻印度变形(Rhizosolenia alata f. indica)、根管藻(Rhizosolenia)、尖刺菱形藻(Nitzschia pungens)、奇异菱形藻(Nitzschia paradoxa)、曲壳藻(Achnanthes)、舟形藻(Navicula)、波罗的海布纹藻(Gyrosigma balticum)、扁多甲藻(Peridinium depressum)、锥形多甲藻(Peridinium conicum)、梭角藻(Ceratium fusus)、三角角藻(Ceratium tripos)。

(2)浮游动物

调查海域共获动物 34 种,其中浮游动物 28 种隶属于原生动物、腔肠动物、节肢动物和毛颚动物 4 个动物门,以及浮游幼虫和浮游被囊类 2 大类。其中浮游幼虫出现的种类和数量最多,共 11 种,占浮游动物种类组成的 39.29%;其次为节肢动物桡足类,共 9 种,占 32.14%;原生动物 4 种,占 14.29%;腔肠动物 2 种,占 7.14%;此外毛颚动物和浮游被囊类各 1 种,分别占 3.57%。本海区在数量上占优势的浮游动物种类主要有:夜光虫(Noctiluca scientillans)、等棘虫(Acantnomeira)、根状拟铃虫(Tintinnopsis radix)、类铃虫(Codonellopsis)、网纹虫(Favella)、中华哲水蚤(Calanus sinicus)、小拟哲水蚤(Paracalanus parvus)、墨氏胸刺水蚤(Centropagidae mcmurrichi)、克氏纺锤水蚤(Acartia clausi)、纺锤水蚤(Acartia)、长腹剑水蚤(Oithona)、近缘大眼剑水蚤(Corycaeus affinis)、大眼剑水蚤(Corycaeus)、猛水蚤(Harpacticus)、住囊虫(Oikopleura)、强壮箭虫(Sagitta crassa)、多毛类幼体(Polychaeta)、腹足类幼体(Gastropoda)、瓣鳃类幼虫(Lamellibranchia)、桡足类肢幼体(Copepoda nauplius)。

(3)底栖动物

调查海域共获底栖动物 67 种,主要隶属于多毛类、软体动物和甲壳类 3 个动物门类,以及腔肠、纽形、腕足、棘皮和扁形动物门类。其中多毛类出现的种类最多,共34种,占底栖动物种类组成的50.75%;其次为甲壳类,共17种,占25.37%;软体动物10种,占14.93%;棘皮动物2种,占2.99%;其他各类动物1种,分别占1.49%。调查海域常见的种有:多毛类的拟特须虫、寡节甘吻沙蚕、中蚓虫和寡鳃齿吻沙蚕,甲壳类的马尔他钩虾,软体动物的江户明樱蛤,棘皮动物的蛇尾(幼体),纽形动物的纽虫。

(4)多毛类

双栉科(Ampharetidae)一种、乳突叶须虫(Anaitides papillosa)、无眼独指虫(Aricidea fragilis)、独指虫(Aricidea)、中阿曼吉虫(Armandia intermedia)、白毛钩裂虫(Cabria pilargiformis)、刚鳃虫(Chaetozone setosa)、长吻沙蚕(Glycera chirori)、寡节甘吻沙蚕(Glycinde gurjanovae)、异足索沙蚕(Lumbrinereis heteropoda)、尖叶长手沙蚕(Magelona cincta)、中蚓虫(Mediomastus)、寡鳃齿吻沙蚕(Nephthys oligobranchia)、长须沙蚕(Nereis longior)、拟特须虫(Paralacydonia paradoxa)、叶须虫科(Phyllodocidae)一种、狭细蛇潜虫(Ophiodromus anguotifrons)、缨鳃虫科(Sabelliidae)一种、尖锥虫(Scoloplos armiger)、深钩毛虫(Sigambra bassi)、海稚虫科(Spionidae)一种、不倒翁虫(Sternaspis sculata)、裂虫科(Syllidae)一种、蛰龙介科(Terebellidae)一种、多丝独毛虫(Tharyx multifilis)、毛鳃虫科(Tricho-branchidae)一种。

（5）软体动物

双带光螺(Eulima bifascialis)、等边浅蛤(Gomphina veneri-formis)、江户明樱蛤(Moerella jedoensis)、凸壳肌蛤(Musculus senhousei)、纵肋织纹螺(Nassarius variciferus)、扁玉螺(Neverita didyma)、银白壳蛞蝓(Philine argentata)、白毛虫科(Pilargiidae)一种。

（6）甲壳类

背尾水虱(Anthuridea)、日本沙钩虾(Byblis japonicus)、螺赢蜚(Corophium)、艾氏活额寄居蟹(Diogenes edwardsii)、滩拟猛钩虾(Harpiniopsis vadiculus)、拟猛钩虾(Harpiniopsis)、细长涟虫(Iphinoe tenera)、壮角钩虾科(Ischyroceridae)一种、尖齿拳蟹(Philyra acutidens)。

（7）潮间带生物

潮间带共获生物19种,隶属于多毛类、软体动物和甲壳类3个动物门类。其中多毛类出现的种类最多,共12种,占底栖动物种类组成的63.16％;其次为甲壳类,共4种,占21.05％;软体动物3种,占15.79％。

7.2 环境质量现状

7.2.1 海水水质现状

2005年6月22日在琅琊湾海域进行了海域水质监测调查，结果见表7.1。

无机氮、COD、石油类均满足一类水质标准，多数点位上的活性磷酸盐浓度高于一类水质标准，说明琅琊湾内的活性磷酸盐是需要重点关注的环境污染因子。

表7.1 琅琊湾海域水质监测结果

点位	经度/(°)	纬度/(°)	无机氮 (mg·L⁻¹)	活性磷酸盐 (mg·L⁻¹)	化学需氧量 (mg·L⁻¹)	石油类 (mg·L⁻¹)
1#	119.757 4	35.579 89	0.030	0.034	1.14	0.03
2#	119.760 5	35.572 17	0.030	0.007	1.05	0.02
3#	119.764 4	35.561 06	0.005	0.036	0.95	0.02
4#	119.779 3	35.596 54	0.027	0.031	1.12	0.02
5#	119.785 3	35.589 76	0.013	0.004	1.04	0.02
6#	119.794	35.582 61	0.052	0.014	0.94	0.02
7#	119.797 3	35.621 17	0.009	0.026	1.15	0.019
8#	119.810 1	35.613 75	0.019	0.022	1.10	0.018
9#	119.820 9	35.606 06	0.020	0.050	1.02	0.018

7.2.2 沉积物环境质量现状

按照《海洋监测规范》(GB 17378.1－1998)中的监测方法，于 2005 年 6 月 22 日对琅琊湾海域的沉积物进行了监测。沉积物的监测项目主要有:有机碳、石油类、铜、铅、锌、镉、硫化物等，监测结果(表 7.2)、沉积物调查点位(图 7.1)。

表 7.2 沉积物质量监测结果

点位	经度/(°)	纬度/(°)	有机碳 $\times 10^{-2}$	石油类 $\times 10^{-6}$	铜 $\times 10^{-6}$	铅 $\times 10^{-6}$	锌 $\times 10^{-6}$	镉 $\times 10^{-6}$	硫化物 $\times 10^{-6}$
1$^{\#}$	119.757 4	35.579 89	0.39	15.6	22.2	17	/	0.23	/
3$^{\#}$	119.764 4	35.561 06	0.27	15	20.7	16.4	/	0.22	/
4$^{\#}$	119.779 3	35.596 54	0.31	18.7	22.1	17	/	0.29	/
6$^{\#}$	119.794	35.582 61	0.18	14.4	17.1	15.9	/	0.25	/
7$^{\#}$	119.797 3	35.621 17	0.24	16	25.1	17.5	/	0.28	/
9$^{\#}$	119.820 9	35.606 06	0.22	14.2	15.7	14.9	/	0.26	/

注:/表示未检出。

胶南海域有机碳、石油类、铅、锌、镉、铜的监测值均满足一类海洋沉积物标准(有机碳 2.0×10^{-2}、石油类 500×10^{-6}、铜 35×10^{-6}、铅 60×10^{-6}、锌 150×10^{-6}、镉 0.5×10^{-6}、硫化物 300×10^{-6})(《海洋沉积物质量》(GB18668－2002)),硫化物和锌均未检出,这说明胶南琅琊湾海域的沉积物质量较好。

7.3　水产养殖发展概况

7.3.1　青岛市海水养殖业概况

近年来,青岛市在"以养为主"的方针指导下,坚持规模、质量和效益并重,因地制宜地制定了一系列具体的政策、措施,充分调动了广大渔民大力发展海水养殖业的积极性,养殖生产得到迅速发展,并成为水产业的主导产业。2003 年,全市海水养殖面积近 $4.2 \times 10^4 hm^2$,总产量 $87.77 \times 10^4 t$,产值 48.8 亿元,已经成为青岛市海洋渔业的支柱产业。近年来,养殖产业迅速发展,取得新突破,主要表现为:养殖规模不断扩大,养殖种类不断增加,品种结构不断优化,养殖基地逐渐形成。养殖模式多样化,以网箱养鱼为龙头、以集约化和健康养殖为基本内涵、以精品养殖为主导的第四次海水养殖浪潮已初具规模。青岛市在海洋渔业发展中,把以工厂化和深海抗风浪网箱养殖为主的设施渔业作为结构调整的重点和新的增长点来抓,推动渔业向高科技、高标准、高投入、高效益方向发展,推动水产养殖由近岸向陆上和外海转移,形成了新的养殖格局。

7.3.2 黄岛区海水养殖发展概况

根据青岛市水产养殖业的指导方针,黄岛区的海水养殖获得很快的发展。根据胶南年鉴(2004 年),2003 年胶南市海水养殖总面积 10229hm²,产量 23.5×10⁴t,收入 19 亿元。按养殖种类分,其中:鱼类养殖面积 541hm²,产量 17658t,收入 4.4 亿元;贝类养殖面积 6680hm²,产量 20×10⁴t,收入 8.6 亿元,主要是牡蛎、鲍鱼、贻贝、扇贝、菲律宾蛤仔等品种;藻类 183ha,产量 1389t,主要是紫菜;甲壳类养殖面积 2033hm²,产量 5207t,其中对虾养殖面积 1212hm²,产量 2 982t,主要养殖南美白对虾、中国对虾和日本对虾,梭子蟹养殖面积 800hm²,产量 2225t;海参养殖面积 792hm²,产量 2 858t,收入 3.4 亿元,其中参、鱼混养面积 400hm²,主要是混养褐牙鲆和星康吉鳗,鱼类产量 1200t。

按养殖水域分,海上养殖面积 2500hm²,滩涂养殖 5149hm²,陆基养殖面积 2580hm²,分别占养殖面积的 24.4%、50.3% 和 25.2%。海上养殖产量 107081t,滩涂养殖产量 118281t,陆基养殖产量 9450t,分别占总产量的 45.6%、50.4% 和 4.0%。

按养殖方式分,其中集约化养殖方式中,普通网箱养殖 306964m²,产量为 13673t,主要分布于灵山卫、灵山岛、积米崖、古镇口湾和琅琊湾 5 个海区,以古镇口湾和琅琊湾海区为最多;工厂化养殖 142625m³ 水体,产量为 1372t,主要养殖种类为南美白对虾、褐牙鲆和大菱鲆;深水网箱 287120m³ 水体,产量 470t。近几年,进一步拓展渔业发展空间,优化海洋渔业布局,现代渔业蓬勃发展。2015 年完成水产品总产量 34.9 万吨。

7.3.3　黄岛区网箱养殖概况

黄岛区海水网箱养鱼始于 20 世纪 70 年代中期,发展于 20 世纪 90 年代,到 2002 年全市有海水养殖网箱 1.8 万个。由于网箱框架采用木质结构,形式单一,抗风浪能力差,而且集中分布在近海内湾,随着养殖规模的扩大,污染问题日益严重,出现了病害频发,效益下降等问题,影响了网箱养殖业的健康发展,挫伤了养殖业主的积极性。为此,黄岛区海洋与渔业主管部门,积极引进和大力推广深海抗风浪网箱养殖技术,形成了从近海到深海,形式多样的海水网箱养殖模式,成为全省深海抗风浪网箱发展最快的县市之一。尽管深水抗风浪网箱养殖的投入比较大,一般一个深水抗风浪大网箱投入在 40 万元左右,但由于这种养殖模式具有抗风浪性能优越,水位深、离岸远、水交换条件好、受污染影响小、适用养殖的品种多等优点而被普遍看好。

自 2000 年开始运作深海抗风浪网箱养殖,取得初步成功后,到 2002 年已发展深水网箱 32 个,其中周长 50m 的 4 个,周长 40m 的 28 个。主要分布在黄岛区的灵山湾、古镇口湾和琅琊湾,建成了青岛市深水网箱养鱼示范基地。在此基础上,2003 年深水网箱发展到 50 个。经过两年多的实践证明,这种养殖方式不仅是海水鱼类养殖业实现可持续发展战略的有效途径,也是利用现代科学技术改造传统养殖模式,实现由传统渔业向现代渔业转变的有效途径。其所具有的大容量、抗风浪、污染小的特点正符合渔业发展的方向。由于深水网箱养殖效益非常可观,2004 年每箱纯收入都在 8 万元左右。而且随着深水网箱养殖经验的丰富以及养殖技术的提高,深水网箱养殖发展非常迅速。据黄岛区海洋渔业局统计资料,到 2005 年,仅琅琊湾的深水网箱已经发展到 200 多个,其中养殖深水网箱超过 10 个的养殖大户达到 15 个,还有几个养殖大户拥有养殖网箱 50 多个,并培植了大珠山镇前小口子村和琅琊镇西杨家洼村 2 个深水网箱养殖专业村。2014 年新建深水抗风浪网箱达 100 多个,成为名副其实的我国江北最大的深水抗风浪网箱养殖基地。图 7.1 为现场拍摄的黄岛区深水养殖网箱图片资料,图 7.2 和图 7.3 分别为深水养殖网箱和传统养殖网箱的卫星图片。近几年,除了发展抗风浪网箱,继续增加贝藻增养殖以及工厂化养殖,2015 年工厂化养殖面积达 1100000m^2,新增贝藻类增养殖 133.33hm^2。

图 7.1　胶南深水网箱

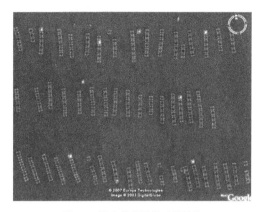

图 7.2　深水养殖网箱卫星图片

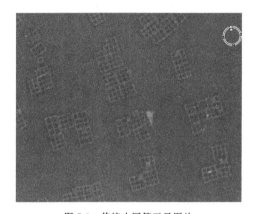

图 7.3　传统小网箱卫星图片

目前,深水网箱养殖主要还是靠投喂鲜活或冰冻杂鱼为饵料,颗粒饲料的使用并没有得到养殖户的认可。这种鲜活饵料的利用率尚低,大量的未被食用残饵沉入网箱底部或者随水流漂到其他地方,对周围环境造成污染。根据最近几年的发展趋势来看,深水网箱养殖是未来海水养殖业的重要选择之一,如果不对其加以科学的管理和规划,难保不会出现类似小网箱养殖一样的各种各样的问题,如环境污染、病害爆发、效益下滑等。

本书主要以琅琊湾的深水网箱养殖作为研究对象,对其产生的污染物和污染影响范围以及养殖环境容量等进行一些预测、分析和研究。以期为环境管理和规划提供科学的理论依据。

7.4　小结

本章对研究海域的自然环境概况、海域水质环境、沉积物环境现状以及水产养殖,尤其是深水网箱养殖的发展概况进行了叙述。研究海域自然环境条件优越,资源丰富,为水产养殖业的发展提供了良好的发展空间,是重要的养殖业发展基地。对该海域的养殖环境容量进行研究是保持该海域水产养殖业可持续发展的总体要求。

第 8 章

模型计算结果

经验证,模型预测结果与实测值吻合良好,将所构建水动力模型、物质扩散模型、拉格朗日粒子追踪模型、沉积物再悬浮模型等应用于案例研究区——胶南海域,分别获得该研究海域的潮流场分布、网箱养殖污染物(溶解性氮、磷为主)的浓度增量以及养殖环境容量等参数。

8.1　研究海域潮流场数值模拟结果

张学庆等(2005)采用 ECOM－Si 模型,使用变边界处理技术对胶南海域的潮汐、潮流进行了数值模拟,较为细致地刻画了胶南近岸海域 M_2 分潮潮流场的时空分布特点,经验证,计算结果与实测值吻合良好,可以为其他研究提供动力学基础。本书以此为基础,对胶南琅琊湾海域深水网箱养殖产生的污染物对海域环境的影响进行了相关的预测和分析。

胶南海域为逆时针潮波系统。以日照海洋站为参考港,涨潮时,海水由海域东北部流入,沿岸向西南方向流去;落潮时,海水由西南流入沿岸向东北方向流去。平均流速在 10cm/s 左右,近底流速在 13.8～15.9cm/s 之间,养殖区附近的近底流速最大值为 41.6cm/s。海流垂向分布由表层向底层逐渐减小(张学庆等,2005)。

根据实测资料,在湾口海域流速较大,棋子湾涨潮时一般为 50cm/s 左右(大潮),落潮时在 34～86cm/s 之间;在琅琊湾湾口,最大实测涨潮流速可达 99cm/s,落潮流可达 77cm/s。

为了解污染物质的迁移输运规律,对研究海域的余流场结构进行了较为详细的分析。

8.2 研究海域余流模型

在有潮海湾或沿岸水域,环流是由潮流、风海流、河川径流和它们之间相互作用产生的。其中非周期性部分,即经过一定的潮周期后海水的净运动,称为余环流(余流)。虽然它们的量级远小于潮流速度,但在生态系统和海洋污染问题中,起关键作用的长周期输运现象,却主要决定于余环流和海水混合。

1.欧拉余流速度

$\overline{u_E}(\overline{x},t)=(u_E,v_E)$表示欧拉水平流速。

式中:$\overline{x}=(x,y,z)$——坐标系中某固定点的坐标。欧拉垂向平均流速为:

$$\overline{u_E}(\overline{x},t)=[u(x,y,t),v(x,y,t)]=\frac{1}{h+\zeta}\int_{-h}^{\zeta}\overline{u_E}(\overline{x},t)\mathrm{d}z$$

$$(8.2.1)$$

上述平均流速可分解为周期性的流速分量(小标为)和剩余分量(小标为)之和,即

$$(u,v) = (u_r,v_r) + (u_t,v_t) \tag{8.2.2}$$

引入（为潮周期）

$$\langle\rangle \frac{1}{T} \int_{t_0}^{t_0+T} (\ ) \mathrm{d}t \tag{8.2.3}$$

将定义的平均算子,应用于式(8.2.2)得:

$$\langle (u,v) \rangle = \langle (u_r,v_r) \rangle + \langle (u_t,v_t) \rangle = (u_r,v_r) \tag{8.2.4}$$

可见欧拉余流速度是指空间某固定点的流速在一个潮周期内的时间平均值。

2.余流场分布

受岸性和底地形的影响,形成了大小、强弱不等的许多余流涡,表层余流较强,底层较弱,本海区的余流不大。在古镇口湾,琅琊湾和棋子湾有 3 个较大的顺时针余流涡,表层最大余流为 23.3cm/s,底层余流的最大值为 15cm/s,养殖区附近的表层余流速度在 1.0～2.6cm/s 之间。底层余流在 0.8～1.5cm/s 范围内。棋子湾的余流普遍小于琅琊湾的余流。

余流场的结构反映了海域的水交换活跃程度,以及对污染物的迁移能力。余流较大的海域可以在较短的时间内将污染物输运到外海,具有较强的自净能力。反之,水交换差的区域,污染物质容易积累,无法向外输送,在排放相同数量的污染物时,污染要较水交换活跃区严重。胶南海域的余流场为从东北向西南方向,因此,可推断污染物的主要运动趋势是向西南方向的扩散。

8.3　平流—扩散物质输运预测

污染物入海之后,不仅需要掌握污染物的排放入海状况,还需要了解这些污染物在海水中的迁移转化规律、浓度分布以及在这些污染物的排放影响下未来的水质变化等。确定这些物质在海区中的时空分布,是研究海区环境和确定海区环境质量的一个至关重要的问题,而物质输运数值模型对海区这些物质的数值模拟和预测已经成为研究这一问题的有效方法,也是环境动力学研究中一个必要步骤。另外,与监测资料相比(离散的点信息),通过数值模型预测,可以反映整个研究海域的污染物浓度分布的大面资料,能够给出一种较为直观的印象和信息。污染物的扩散、运动规律等过程的描述都可通过所建立的平流—扩散输运模型进行模拟和预测。

本书选取氮、磷为环境预测的主要因子,一是由于无机氮和活性磷酸盐在我国近岸海域主要的污染物之中,二是养殖生产过程中产生的污染物主要是残饵和排泄物导致的氮、磷有机污染。溶解氧的确是维持养殖生物生存生活的重要因子,如当溶解氧浓度低于 4mg/L 时,鰤(yellowtail)将会死亡。但是在海岸带区域内的监测结果显示,深水区溶解氧的含量一般大于 5mg/L,完全可以满足《渔业水质标准》(GB11607－1989)中的要求(连续 24h 中,16h 以上必须大于 5mg/L,其余任何时候不得低于 3mg/L,

对于鲑科鱼类栖息水域冰封期其余任何时候不得低于 4mg/L），满足生物生长的需要。

以胶南海域的潮流场作为污染物输运的驱动力，对养殖产生的氮磷污染物的运动规律，浓度分布趋势，及其浓度增量进行预测。研究海域范围及养殖区位置（图 8.1）。

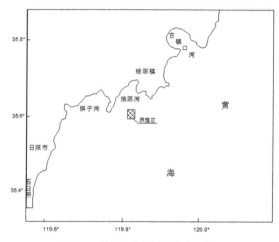

图 8.1 研究海域范围及养殖区位置

1.污染源调查

（1）污染源调查

2006 年 6 月，《青岛市海洋环境保护规划》课题组对青岛周边海域的入海排污情况和海水养殖情况进行了较为全面的调查。目前，研究海域内尚没有污水处理厂和工业污水排放口。黄岛区城市污水处理厂的排污口不在本研究海域范围内，对其影响通过开边界来反映。因此，主要考虑的污染源为海水养殖产生的污染。

（2）网箱养殖污染负荷

据调查,2005 年,黄岛区琅琊湾约有深水养殖网箱 200 只。由于现在尚没有相关的养殖区的规划,网箱分布没有规律,大致顺着涨落潮流的走向,各养殖业主自行布置网箱。应用第二章中的有关网箱养殖污染物产生量的估算方法,对本海域养殖产生的氮磷营养盐进行估算,得到源强为氮 $1.15 \times 10^{-4} \, \text{g/m}^2 \cdot \text{s}$、磷 $1.33 \times 10^{-5} \, \text{g/m}^2 \cdot \text{s}$。以此为基础对污染物浓度分布进行预测。给出养殖区周围的氮磷污染物的浓度增量预测结果,能够得到养殖产生的污染物的影响范围与影响方向。

2.预测方案

方案一:由于养殖区底部大量未食残饵和养殖生物体排泄物的积累,使其成为影响海域水质和养殖生物生长的一个重要的内部潜在污染源。在以往的有关养殖污染负荷的研究中,很少考虑该部分或仅考虑静态释放。在本书中,对养殖区底部沉积物中积累的有机物,在水动力作用下的再悬浮与再释放进行了初步的探讨(见第 4 章),将再悬浮过程释放的营养盐作为一个内源负荷,因此,养殖生产过程中形成的养殖污染源即为内源负荷与外部负荷之和,以此为源强进行预测。

方案二:在养殖密度不变的条件下,对养殖规模扩大 2 倍和 3 倍之后产生的氮磷污染影响范围进行预测。

方案三:预测养殖区布置在近岸时,相同养殖规模产生的污染物对环境的影响。设置本方案的目的在于比较将养殖区布置在不同位置时的影响,通过对模拟结果的分析比较,可以为养殖区的选址提供科学的参考依据。这正体现出数值模型在养殖生产规划中的优势。

3.预测结果分析

对现状养殖规模下产生的氮磷污染物浓度增量进行预测,浓度等值线预测结果(图 8.2 和图 8.3)。可以看出,污染物浓度增量曲线以养殖区为中心,向外逐渐减小,污染物主要是沿西南—东北方向的扩散,而且向西南方向扩散更为明显,这与余流结构方向一致。无机氮中心浓度最大值为 0.12mg/L,活性磷酸盐中心浓度值为 0.014mg/L。叠加本底浓度后无机氮最高浓度为 0.14mg/L,活性磷酸盐浓度为 0.028mg/L,无机氮浓度满足一类水质标准要求,活性磷酸盐浓度接近于二类海水水质标准。

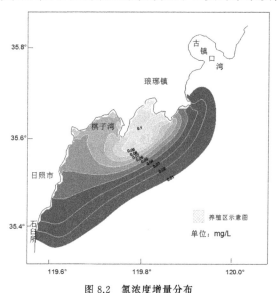

图 8.2　氮浓度增量分布

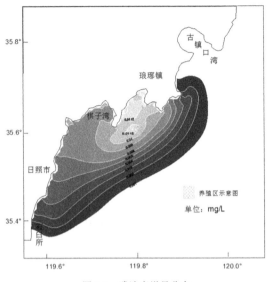

图 8.3　磷浓度增量分布

　　假设养殖密度不变,将海洋功能区划的琅琊湾养殖区养殖规模(即养殖面积)扩大一倍,预测其将产生的影响程度。预测结果(图 8.4 和图 8.5)。污染物的扩散趋势还是以养殖区为中心,沿西南—东北方向扩散。养殖规模扩大后,氮最大中心浓度增加到0.25mg/L,磷中心浓度增加为 0.027mg/L,而且一类水质标准等值线(氮 0.2mg/L、磷 0.015mg/L)包络范围明显扩大。叠加本底浓度后,无机氮浓度已接近二类水质标准,琅琊湾内大部分海域的活性磷酸盐浓度高于二类水质标准。可以看出,磷仍然是该海域的主要环境污染控制因子。

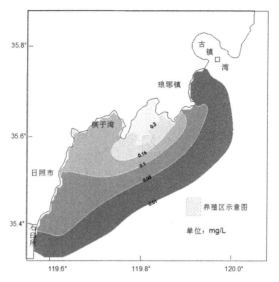

图 8.4　养殖规模扩大 2 倍后氮浓度分布

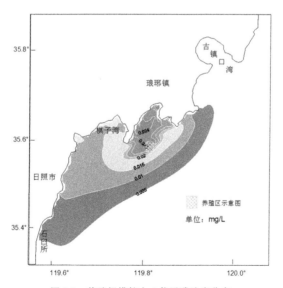

图 8.5　养殖规模扩大 2 倍后磷浓度分布

当养殖规模扩大到现有规模的 3 倍时,琅琊湾内大部分区域氮浓度增量在 0.25mg/L 以上,而活性磷酸盐浓度增量在整个琅琊湾内都已超过 0.03mg/L,大部分超过 0.033mg/L,叠加本底浓度后,氮、磷浓度均高于二类水质标准,如图 8.6 和图 8.7 所示。

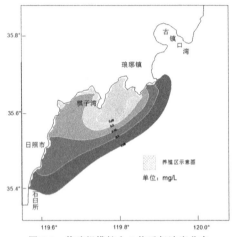

图 8.6 养殖规模扩大 3 倍后氮浓度分布

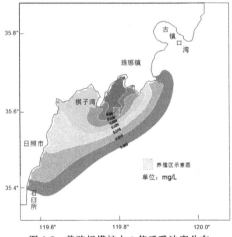

图 8.7 养殖规模扩大 3 倍后磷浓度分布

　　将养殖区布置在近岸时,氮磷污染物浓度增量明显比放在深海区要高(图 8.8 和图 8.9)。这是因为琅琊湾深水养殖区所处海域属于开阔水域,水深在 15～20m 之间,水交换良好,水流速度较大(在 10～45cm/s 之间),污染物扩散很快。而在近岸水流较弱,污染物扩散慢,更容易造成对环境的污染。

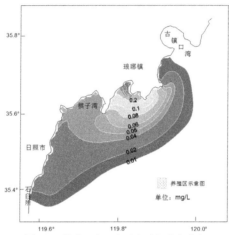

图 8.8　养殖区布置在近岸时氮浓度分布

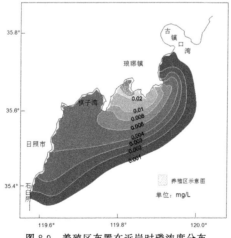

图 8.9　养殖区布置在近岸时磷浓度分布

8.4 养殖环境容量分析

8.4.1 养殖区环境质量标准

目前从环境保护角度探讨养殖环境容量时,一般都采用水质标准进行控制,很少有研究者涉及沉积物质量对容量确定的影响。这可能与沉积物质量标准制定比较困难有关,另一方面,沉积物质量对不同养殖生物的毒性作用研究比较复杂,难于制定统一的标准。

1.水质标准

目前,关于养殖水域的环境质量标准规定,有《海水水质标准》(GB 3097－1997)《渔业水质标准》以及《无公害食品海水养殖用水水质》(NY 5052－2001)3 种标准。《海水水质标准》(GB 3097－1997)中有明确的关于养殖区水质的规定,即养殖区应执行二类水质标准。《渔业水质标准》(GB 11607－1989)是专门为防止和控制渔业水域水质污染,保证鱼、虾、贝、藻类正常生长、繁殖和水产品质量所制定的水质标准。三种标准中大部分的指标一致,《无公害食品海水养殖用水水质》(NY 5052－2001)中关于汞和砷的标准较其他两种标准严格。渔业水质标准和无公害海水养殖用水水质中都没有对活性磷酸盐的浓度作限制,可能由于养殖水体中磷含量的高低不会对养殖生物形成危害,但值得注意的是:较高的活性磷酸盐浓度可能会成为导致海域赤潮发生的诱因,反过来赤潮生物对溶解氧的大量消耗可能会造成养殖生物的死亡。

2.沉积物质量标准

有研究资料发现:饲料输入碳的23％,氮的21％和磷的53％累积于底部。流失到环境中的磷的38％～66％将沉积到底质环境中。据研究,在鲑鱼网箱养殖区下部沉积物的碳、氮、磷的通量很小,每年只有约10％的有机物可得到分解,虽然仅有少量被分解,但大量残饵以及养殖生物的排泄物等有机物在沉积环境中的积累将促使厌氧菌的生长,导致硫化物及甲烷等有害物质的产生。而且沉积物中某些重金属含量过高会造成其在生物体内的累积,从水生生态系统健康以及水环境质量保护角度考虑,沉积物质量是养殖环境管理及养殖环境容量研究中需要引起足够关注的方面。

为防止养殖生产对周围环境以及自身造成污染,确保可持续养殖生产,日本对养殖区的环境质量制定了相关的标准和规定

（Hisashi Yokoyama,2003）。除对网箱养殖水体中的溶解氧含量进行要求外,还将沉积物中的酸可挥发性硫的含量以及网箱底部大型底栖动物作为水产养殖沉积环境标准中的指示因子（表8.1）。规定:健康养殖状况下溶解氧浓度不低于4ml/L,且溶解氧的临界浓度标准为2.5ml/L。该标准低于我国的《渔业水质标准》（GB 11607－1989）中对溶解氧含量的要求。

表 8.1　可持续养殖生产环境标准

环境	指标	健康养殖场标准	养殖场的基本标准
网箱内水体	溶解氮	＞4.0ml/L	＜2.5ml/L
网箱底沉积环境	硫化物	低于在底栖氧吸收率最高点的值	＞2.5mg/g 沉淀物干重
	底栖生物	大底栖生物全年都有	6 个月以上的时间没有有机物

底栖生物群落结构评价经常将总丰度、分类组丰度、个体组丰度、耐污种和敏感种、总生物量、分类组生物量、优势种、多样性指数、相似系数和残毒量等作为现场沉积物评价的评价指标。由于大型底栖生物的物种多样性对沉积物中有机物输入的变化非常敏感,随着离网箱养殖区距离的增加,底栖生物多样性迅速增加（图8.10）,因此,底栖生物可以作为养殖区底部沉积物环境质量的一个重要指示因子。虽然,许多环境参数与底栖生物的丰度

之间具有响应关系,但变量间的相互关系非常复杂(Ioanna K & Ioannis K,2006),目前,还难以制定统一的底栖生物指标作为沉积物环境质量的标准。

另外,沉积物中硫化物的浓度,沉积物耗氧量(SOD)以及沉积物中氮、磷营养盐的释放也是沉积物环境需要考虑的重要参数。

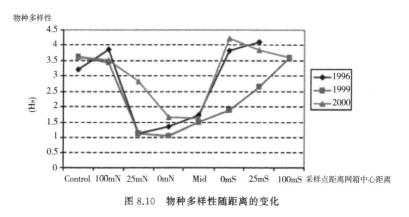

图 8.10　物种多样性随距离的变化

8.4.2　养殖环境容量

根据功能区划规定,养殖区执行二类水质标准,本书仍以二类海水水质标准作为养殖环境容量确定的控制因素。由前面的预测结果可知,当养殖规模(或养殖面积)扩大到 3 倍时,周围海域的水质将会超过二类水质标准。为满足水质标准要求,同时保证养殖鱼类的健康生长,保持养殖生产的可持续发展,单位面积的氮排放量不能超过 2.42t/a、磷排放量不能超过 0.28t/a,否则将会超过其环境容量。如果继续扩大养殖规模,需要合理控制养殖密度,或者采取改善养殖技术,减少污染物产生和排放的措施,以减少对周围环境的污染。

8.5 小结

在本章研究中,利用所建模型对胶南琅琊湾深水网箱养殖产生的氮磷污染物的影响范围和影响程度进行了预测。当养殖规模扩大到目前的 3 倍时,氮磷浓度增量分别为 0.25mg/L 和 0.03mg/L,叠加本底浓度后,将高于规定的二类水质标准,超出其环境容量,单位面积的氮排放量不能超过 2.42t/a,磷排放量不能超过 0.28t/a。为保持该海域水产养殖业的可持续发展,需要采取有效措施,减少污染物的产生。

第 9 章

海岸带水产养殖可持续发展管理

虽然水产养殖生产中出现的一些环境问题是由于水产养殖业本身所造成,可以采取某些技术措施对养殖系统内产生问题的环节有针对性地进行控制或改变,但在缺乏对这一问题的共同认识情况下,在某个养殖区内实施解决问题的措施,不能解决缺少规划情况下的盲目快速发展带来的问题。

水产养殖业发展过程中出现的盲目与无序,一方面是由于缺乏海岸带资源整体开发利用的战略意识,缺少统一规划,政府各部门之间缺少联系,而且缺乏海域综合管理的科学研究机构和管理机构。另一方面,科研和技术决策部门也未能给政府部门提供系统的信息数据平台和合理利用海岸带资源的科学依据。

从总体上来讲,海岸带水产养殖的管理应该纳入海岸带综合管理或海岸带区域综合管理的框架内。水产养殖业与航运,旅游等其他海洋经济产业发展之间冲突的减少或解决,海岸带资源的可持续利用,对海岸带资源的最优化分配以及对海岸带资源利用过程中产生的环境影响的最小化都应该是海岸带可持续发展所应该考虑的内容,也是水产养殖可持续发展的前提。

9.1 水产养殖综合管理

在根据政府部门制定的海域功能区划和海洋环境规划所确定的养殖区内进行养殖生产时,要根据该海区的养殖环境容量,对养殖规模、养殖密度进行合理的布局和规划,尽量减少对环境的污染影响,从而利于养殖业的可持续发展。从这个角度讲,科研和技术决策部门在水产养殖环境管理中扮演着重要的角色。科研部门通过提供系统的数据信息为管理提供科学的依据与指导。政府部门对养殖生产和养殖环境的管理离不开科研成果的有力支持。正如前文所述,数值模型可以定量化的预测养殖对水体环境和沉积物环境的影响,反映养殖生产与环境之间的相互作用过程以及确定两者之间的定量响应关系,并在此基础上确定养殖区域的养殖环境容量,从而作为管理的科学依据。虽然目前的数值模型还难以全面包括相互间的复杂过程,还存在一些不确定因素,但作为养殖生产管理的重要技术支持,已经显示出其优势。加强对养殖环境容量研究的重视与研究力度是可持续管理的要求。

养殖区环境监测系统的建立是进行养殖环境管理的一项重要而且有效的措施。对养殖区进行常规的水质监测和应急监测是监督养殖区水质的有效方法。常规水质监测可以随时发现水质的变化,并及早采取预防措施,避免出现养殖生物由于水质变化导致爆发性死亡情况的发生;应急监测可以在发生问题时帮助找到问题的根源。目前,政府部门在各海域布置常规监测点,对海域水质进行常规监测,但对养殖区的常规水质监测制度尚未建立。环境监测系统的建立和规范化不仅是保障养殖生产可持续发展的重要措施,也是海岸带综合管理中的重要部分。而且,监测资料的丰富,将会促进养殖生态系统数值模型的发展与完善。

"十一五"期间,重大养殖管理措施得到强化,渔业依法管理水平逐步提高,并启动了全国养殖证制度的建设。"全国渔业十一五规划"也提出,要加强水产品质量监控工程主要是加强水产投入药品的残留监控和渔业水质环境监测工作,建立健全水产品和渔业水环境质量的安全预警、预报机制,加快与国际标准和管理接轨(农业部,2007)。

目前,养殖业户的环保意识尚不强,因此,政府部门可以通过制定某些政策,对养殖生产进行一些相应的干预,这也是进行养殖环境管理的重要举措。有些国家已对养殖生产管理做出了严格的规定:在日本,限定网箱养殖面积不能超过规划的养鱼场面积的 1/15,而且对不同养殖鱼类的养殖密度提出建议(网箱中每立方水体的最佳养殖密度为:狮鱼 1.6kg,真鲷 3kg)。在挪威,政府规定每个网箱养殖场的间距必须大于 1km,养殖场与育苗场之间的间距至少为 3km,而且规定每个养殖单位必须有 2~3 个养殖区,其中 1~2 个养殖区空闲备用。同一海域只能连续养殖 2年,并通过控制每个养殖场的投喂饵料量(650t/a)来减少生产过程对环境的污染。政府的这项规定促使养殖业主和科研人员加强关于高质、高效饵料的研制,通过提高饵料的利用率来最大限度的满足养殖业主在经济上的发展需求。

9.2　高质量饵料的研制与应用

　　减少环境污染、节约资源的途径除了对养殖生产过程进行科学管理外,另一个重要的方面则是提高养殖生产技术水平,包括对养殖生物饵料营养需求的研究、高质量饵料的研制以及投喂技术、投喂设备的研制。

　　目前,亚洲许多国家网箱养殖生产中都采用投喂鲜活或冰冻饵料的养殖方式。成本较人工饵料低,但饵料利用率也非常低,饵料系数一般大于 5,甚至高达 10,大量残饵造成对环境的严重污染。另外,即使不考虑环境经济损失,单从养殖经济效益角度,投喂鲜活饵料与投喂配合饲料也有较大的差异。根据前人研究,用配合饲料养殖大黄鱼的增重率为 92.5%,饲料系数为 1.7,成活率为 96%,而用冰冻杂鱼作为饵料,大黄鱼的增重率为 74.6%,饲料系数为 6.9,成活率为 84.2%。可见,使用人工配合饲料的喂养效果要明显优于以冰冻杂鱼为饲料的养殖。投喂配合饲料比投喂冰冻杂鱼增加的毛利为 174.55 元。若生产 1t 成品大黄鱼,则增加利润近 2000 元。这仅仅是从鱼体的增重角度进行的经济效益分析,而且两种饲料养成的鱼按同样的价格计算,配合饲料养殖的大黄鱼,不管是体表颜色、汤汁油渍、肌肉口感、味道等方面均比杂鱼饵料养成的大黄鱼略胜一筹,如此看来,在价格上也有提升的余地。而且使用配合饲料在人工管理、仓储、运输等环节的成本上还有相当的降低空间。人工饵料价格虽然高于冰冻杂鱼,但从营养效果(产品质量高)、养殖经济效益(投入产出比低)、环境经济效益、环境价值、环境保护等各方面综合考虑,配合饵料的应用前景要大大优于鲜活杂鱼饵料。

研制和推广符合鱼类生长需求的高质量饵料,提高饵料的利用率,不但能够降低污染,保护环境,而且减少养殖鱼类疾病的发生,同时可以节约自然资源,为人类提供更加健康、安全的食物。正因如此,北欧一些国家已通过立法的形式禁止饲料系数大于1的饲料的生产。我们国家虽然还达不到这么高的要求,但配合饲料的研制与应用,是可持续发展的总体要求和趋势。

9.3 投喂技术的改进与发展

目前,国内大部分的养殖投喂方式主要是人工投喂。自动投饵技术的改进(如定时、定点、使用饵料台)将能进一步提高饵料利用率,取得更好的经济效益。

日本研制的剩食传感式自动投喂系统,能够根据剩余的饵料量调整(增加或减少)下次的投喂量,通过计算机控制得到鱼类对饵料的最高利用率。该系统的应用,降低了残余饵料的产生,减少了对环境的污染,保护了环境。Stirling 大学在鲈鱼养殖过程中采用改进的投喂技术(EU CRAFTFAIR Project),将投喂食物的损失量降低了 23%(Annual Report of Stirling University,2001)。国内在投喂技术方面的发展还有待于进一步提高。

9.4　青岛地区海水养殖业的可持续发展思路

　　青岛海域自古就是"兴渔盐之利,行舟楫之便",即其主功能是渔业和盐业,次功能是港口和航运。但随着社会经济的发展,以胶州湾为核心的港口作用,逐渐提升为第一主功能(近50年来);嗣后又因青岛的宜人气候、绮丽风光的吸引,旅游热潮日益突显,其经济效益2002年已超过水产业,从而形成今日青岛的总体功能:以港为主,旅游次之,水产业第三为序的功能格局。因此,近岸渔业的发展空间已受到极大的制约。

　　青岛市现代渔业发展的指导思想是充分释放区域科技优势,从现实出发,走内涵式、集约化增长的道路。在保护青岛海域环境前提下,按照渔业结构多元化、管理法制化和产业现代化的总体发展目标,从提高行业整体素质、增强综合生产能力出发,依靠市场机制和技术创新,优化配置渔业资源,调整渔业产业结构,提高产品质量和渔业综合经济效益。加强渔业基础建设,加快渔业现代化步伐,实现渔业持续、健康、协调发展。

　　根据青岛市海洋环境保护"十一五"重点建设项目,生态渔业是重点发展的项目。发展深水网箱设备制造和高效生态养殖技术产业化示范工程(青岛市海洋渔业局,2006)。因此,渔业发展应以工厂化养殖、深水网箱养殖、增殖渔业和现代水产品精深加工业为发展方向,保持青岛水产业的可持续发展。

第 10 章

海岸带可持续水产养殖模式发展

伴随着人们对水产品需求量的不断增加,以及海洋渔业资源的不断减少,海水养殖毫无疑问将成为最主要的并且是最具有潜力的水产品供应方式。而无论是深远海养殖规模的不断拓展还是陆地循环养殖系统的发展,都必须是一种基于生态系统的可持续的水产养殖模式。而生态养殖,综合养殖,多营养层次综合养殖(IMTA)等都是"可持续发展理念"在海水养殖领域的科学体现。

10.1 生态养殖概念、发展与构建

1.生态养殖概念

生态养殖是指在一定的养殖空间内,养殖者根据不同养殖生物之间的食性互补、生态位互补、物质循环、能量流动等原理,辅以相应的养殖技术和管理措施,实现不同生物互利共生,实现生态平衡,提高养殖效率的一种养殖方式(朱建勇,2015)。生态养殖是我国在规模化养殖发展的基础上,坚持可持续发展理念,追求资源节约、环境友好、人与自然和谐的经济发展目标,获得生态效益和经济效益的现代养殖方式。这种养殖方式不仅保护生态环境,而且可以保护生物多样性,生产出高质、安全、无公害食品,具有良好的环境效益和较高的经济效益。

2.生态养殖模式

我国水产养殖业发展迅速,但与此同时带来的环境问题也日益突出。随着人们环境保护意识和食品安全意识的加强,更加注重绿色、低碳、高效、清洁和无公害,我国水产养殖业的发展面临着增产、减排、节能等挑战,因此建立健康高效的生态养殖模式成为人们关注的重点。迄今为止,我国已经建立了很多种生态养殖模式。依据生态养殖的原理,可以将这些生态养殖模式划分为三种主要的养殖模式,即食性互补的养殖模式、生态位互补的养殖模式和综合养殖模式。

食性互补的养殖模式就是将不同食性的水生生物混养在一起,使得该养殖系统内的饵料资源和空间资源得到充分利用,从而获得更高的经济效益和生态效益。在唐代,我国就有利用青鱼、草鱼、鲢鱼和鳙鱼食性的不同将它们混养在一起的记录。草鱼吃草而鳙鱼吃水中的浮游动物,实行主养草鱼、套养鳙鱼的生态养殖模式可以起到互利共生、优势互补的效果(宋长太,2005)。近年来,关于利用食性互补原理建立生态养殖模式的研究很多。例如很多研究表明将虾与罗非鱼进行混养不仅能提高水产品的产出,而且能够改善水质(欧宗东,2005;杨越峰等,2006;李卓佳等,2012)。另外将虾与贝类进行混养也取得了较好的效果(裴秀艳等,2015)。食草性鱼类、滤食性鱼类和杂食性鱼类按一定比例混养,这种养殖方式可以最大化增进生物间的互补作用(郑确,2017)。

除了可以将不同食性的水生动物进行混养,还可以将水生植物和水生动物进行混养。一方面藻类进行光合作用,释放氧气,增加水体中的溶解氧;另一方面藻类可以迅速吸收水体中的营养盐,降低水体的污染,所以养殖藻类可以为养殖动物提供一个良好的生存环境。而养殖动物的排泄和排粪又可作为藻类的营养盐来源。

生态位互补的养殖模式就是根据水生生物在养殖系统中所占的空间位不同,将这些占据不同空间位的物种进行混养。我国古代就有将底层的鲤鱼与上层的鲢鳙鱼进行混养的记录,近年来利用生态位互补原理建立生态养殖模式的研究也较多。辽宁省丹东市利用该原理,建立并完善了海水池塘优势多品种生态健康养殖模式,该模式以海蜇和滤食性贝类为主,搭配其他种类,在不增加投饵的条件下,充分有效的利用空间和资源,获得了较好的经济效益和生态效益(王会芳等,2017)。罗非鱼池塘套养南美白对虾的实验结果表明该养殖模式可充分利用养殖水体的空间,降低对虾的养殖成本,有效控制虾病的发生和传染,提高养殖经济效益(郭恩彦,2011)。韩晓磊(2015)等发明了一种基于网箱的蓝鳃太阳鱼、鳙鱼和水雍菜的立体养殖模式,在网箱水面种植水雍菜,水体中上层养殖鳙鱼,水体中下层养殖蓝鳃太阳鱼,不仅可以充分利用水体空间,还有效提高了单位面积的产出率。

10.2　综合养殖

综合养殖就是综合考虑食物链理论、生态位理论和种间互利共生理论等而建立的一种生态养殖模式。综合养殖系统可以提高资源利用率,同时减少对周围环境的影响。在 19 世纪 50 年代由我国水产学者提出的桑基鱼塘养殖模式就是一种综合养殖模式。该模式实现了鱼塘－桑树－蚕的综合养殖,鱼塘的底泥作为桑树的肥料,桑树作为蚕的食物来源,而蚕的粪便又可作为鱼的饵料,实现了物质的循环利用。20 世纪 80 年代,我国关于稻田的综合养殖的研究比较多,例如在稻田里养殖鱼(黄国勤,2009)、虾(何贤超,2016)、蟹(陈飞星等,2002)等动物,稻田为鱼、虾、蟹提供有利的生存空间,鱼、虾、蟹摄食稻田中的有害生物,可提高水稻产量。到 20 世纪 90 年代,海水池塘综合养殖发展迅速。例如,一些主要的海水池塘综合养殖模式有:虾、贝类、鱼和(或者)海藻的综合养殖(申玉春等,2007);虾、蟹、贝类的综合养殖(王学勃等,2007);缢蛏、梭子蟹的综合养殖(戴海军,2002);对虾、贝类和(或者)海藻或海参的综合养殖(宋宗岩等,2005)。李德尚,王吉桥等对鱼、虾、贝类的综合养殖进行了许多试验研究(李德尚等,2002;田相利等,2001;王吉桥等,2001),把生态环境和饵料的利用方面有互补作用的养殖生物以适当的比例进行混养,在充分利用所投喂的饵料的同时利用养殖生物间的代谢互补性来消耗其代谢产物,在降低养殖生产对环境的污染的同时提高单位水体产量,实现了"双赢"。

目前各国都在研究和发展环保式的综合循环养殖系统。综合养殖模式选取在生态上具有互补性的养殖品种,提高了对资源的利用率,减少了对环境的有机污染。比如,通过在鱼类养殖区栽培藻类,利用鱼类养殖过程中产生的溶解态营养盐作为海藻生长的营养来源,从而降低养殖水域中的氮磷浓度;而在底部养殖滤食性贝类,通过其滤食性消耗沉积在底部的残饵等颗粒有机物。综合养殖系统在减少环境污染的同时还提高了单位水体综合养殖的经济效益。

欧盟启动了有关富营养化和大型海藻的 EU-MAC 研究计划,研究海藻在海区富营养化过程中的响应和作用。加拿大政府要求水产养殖业要以一种环境可持续的发展模式(develops in an environmentally sustainable manners),对综合多营养级养殖系统开展了大量研究(bulletin of the aquaculture association of Canada,2004)。

但综合养殖结构是否合理,经济效益和环境效应是否显著等,还需要有待于深入研究。

10.3 多营养层次综合养殖

1.多营养层次综合养殖模式

多营养层次综合养殖模式(integrated multi-trophic aqua-culture,IMTA)是近年基于生态养殖理念提出的一种健康可持续发展的海水养殖理念(Chopin T et al,2001),由不同营养级生物(如投饵类动物、滤食性贝类、大型藻类和沉积食性动物等)组成的综合养殖系统,系统中一些生物排泄到水体中的废物成为另一些生物功能群的营养物质来源,可以把营养损耗和潜在的经济损耗降到最低,从而达到养殖系统中营养物质的高效循环利用,提高食物产出效率,控制养殖水域富营养化的环境友好型生态高效养殖的目的。IMTA实现了养殖系统中营养物质在不同营养级生物间的传递、再循环,降低了环境压力。多营养层次综合养殖理念是生态养殖的核心,也是健康养殖的基础,是世界水产养殖业的发展趋势。

IMTA是一个非常灵活的养殖模式,该养殖模式可应用于开

放的或陆基系统、海洋或淡水系统以及温带或热带系统。IMTA
模式的一个基本概念如图 10.1 所示。

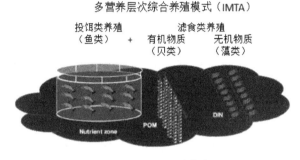

多营养层次综合养殖模式（IMTA）

投饵类养殖　　　　　滤食类养殖
（鱼类）　＋　有机物质　无机物质
（贝类）　　（藻类）

图 10.1　IMTA 基本模式

2.IMTA 的发展历程

（1）淡水生态混合养殖阶段

生态综合养殖模式的理论起源于淡水的混合养殖模式。20
世纪 80 年代初期，由于养殖技术和养殖空间的限制，人们开始尝
试在稻田里养殖鱼、虾、鸭等动物，建立了水生动植物的立体混养
模式，最终取得了较好的生态效益和较高的经济效益，证实了通
过合理搭配不同食性和栖息习性的水生动物的综合养殖模式是
可行的，为生态系统水平综合养殖模式的发展奠定了良好的
基础。

（2）海水池塘生态综合养殖阶段

20 世纪 90 年代，长期结构单一的超负荷养殖使我国近海养

殖环境遭到严重破坏,养殖病害大面积爆发(战文斌等,2000)。为了解决这种结构单一的养殖模式所带来的问题,海水生态综合养殖概念开始应用于近海的池塘养殖系统,并取得了较大的进展。

在实践的初期,海水综合养殖模式的研究主要集中在养殖品种的搭配上。直到20世纪90年代末,海水综合养殖模式的生态学意义才得到更广泛的认可,养殖效益评价、物种生态学等相关理论技术日趋成熟,越来越多的学者倾向于用科学实验和数据来量化综合养殖的效益,探索最经济的养殖品种的搭配和密度等。袁媛(袁媛等,2013)等对罗非鱼池塘单养、混养和综合养殖三种养殖模式经济效益的分析结果表明,综合养殖的经济效益最高。胡海燕(胡海燕,2002)、毛玉泽(毛玉泽,2004)研究了滤食性贝类和大型藻类对综合养殖系统的影响,证实了贝藻对养殖生态系统具有较强的生态调节作用。

(3)多营养层次的健康生态养殖阶段

IMTA模式是比前两个阶段的养殖模式更专业、更高效、更全面的一种综合养殖模式,该模式同样是利用生物的生态学特性,利用物种间的食物关系实现物质、能量的循环利用。该养殖系统一般包括投饵类动物、滤食性贝类、大型藻类以及底栖动物等多营养层级养殖生物,将这些不同营养层级的生物进行综合养殖,尽可能地提高整个养殖系统的环境容纳量和可持续生产水平。该养殖模式涉及底栖、浮游和游泳类生物的综合养殖,还可以达到养殖用海空间资源立体化利用目的,以提高养殖空间利用效率。

目前,基于生态系统的 IMTA 模式已成为国内外学者大力推行的一种健康高效的综合养殖模式,我国、加拿大、美国、以色列、新西兰、苏格兰、希腊、挪威等国都进行了相关的研究。我国对于 IMTA 模式的开发处于国际领先地位,山东、辽宁的一些海域甚至已经达到产业化水平。

但是构建更高效的 IMTA 模式还存在很多问题与挑战,需要国内外学者共同努力。例如:食物供给问题,即怎样生产更多的产品,合理利用空间资源和食物资源;食物安全问题,即怎样确保水产品的高效持续的清洁生产;生态安全问题,即怎样实现养殖与环境的和谐发展。

第 11 章

主要研究结果与展望

地球上的所有生物都离不开其赖以生存的环境，并且，其行为活动在不断地改变并影响着其生存环境，海水养殖也一样，海水养殖产业在历经了相当蓬勃发展的同时，已经并继续影响着近岸及深海海域生态环境。全国渔业十一五规划提出"渔业发展要实现'规模扩张型到质量效益型'的第二次增长方式转变"，而可持续水产养殖业的发展模式必须是基于生态系统水平的海水养殖，其管理应该纳入海岸带综合管理的框架内。

本书在深入剖析了海水网箱养殖生态系统的内部物质循环基础上，基本掌握了其与周围海洋生态环境的相互作用关系，同时，应用建立数学模型的方法，对其养殖环境容量的确定进行了探讨和分析，取得了一些非常有参考价值的研究成果。与此同时，也发现了一些研究过程中尚未解决的细节问题和假设，并且发现了一些值得拓展和深入的研究方向和科学问题。

11.1　主要研究成果

本书在系统研究网箱养殖污染负荷基础上,以水动力学模型为基础,构建了由潮流模型、物质输运模型、拉格朗日粒子追踪模型以及沉积物再悬浮模型组成的养殖环境容量研究模型体系,对海岸带网箱养殖环境容量的研究进行了探讨。取得的主要成果有:

1)对网箱养殖污染负荷的确定方法进行了系统的分析与总结,在此基础上,针对投喂鲜活饵料的养殖模式,提出污染负荷的确定应该在质量平衡方程基础上,采用改进的基于干物质转化率的污染负荷确定方法。根据质量平衡方程估算的胶南琅琊湾深水网箱养殖产生的溶解态氮、磷分别为 72.67t 和 8.41t;非溶解态氮为 31.15t,颗粒态磷为 12.62t;基于干物质转化率计算的氮、磷污染负荷总量分别为 308kg/t 和 58.7kg/t。通过分子扩散进入水体中的无机氮为 0.32mg/m^2·d,活性磷酸盐为 0.034mg/m^2·d。

2)构建了网箱养殖生态系统动力学模型,对养殖鱼类的生长过程、养殖生产过程产生的各种形态的氮污染物产生规律及产生量进行了动态的模拟和预测,掌握了影响不同形态的养殖污染物产生的因素。这对于动态化、定量化掌握深水网箱养殖污染负荷的产生排放提供了一种全新的方法体系,为海上养殖面源的确定提供了一种思路。

3)在水动力学模型基础上,构建了由潮流模型、物质输运模型、拉格朗日粒子追踪模型以及沉积物再悬浮模型组成的养殖环境容量研究模型体系。将养殖区底部沉积有机物中的营养盐在水动力作用下的释放量进行了预测与估算。由内源释放产生的氮、磷负荷分别为 $5.73 \times 10^{-4} \text{kg/s}$ 和 $2.09 \times 10^{-4} \text{kg/s}$。养殖产生的污染负荷应该是外部输入与内部释放的加和。

4)将拉格朗日粒子追踪模型用于养殖过程产生的粪便颗粒物在环境中运动轨迹的模拟,对颗粒有机物的影响范围进行了预测。得出结论认为,养殖产生的颗粒物,其影响范围在养殖区周围 400m 范围内,对环境的影响主要是局部的,但却是累积性的。

5)水动力驱动下的物质输运模型对深水网箱养殖过程产生的溶解态氮、磷污染物的影响进行了预测。当养殖规模扩大为 3 倍时,氮、磷的浓度增量分别为 0.25mg/L 和 0.03mg/L,叠加本底浓度后,超出二类水质标准。单位面积的氮排放量不能超过 2.42t/a,磷排放量不能超过 0.28t/a,否则将超出其养殖环境容量。

11.2　研究展望

　　海岸带水产养殖环境容量的研究是一项涉及养殖生态学、物理海洋学、海洋环境科学等众多学科的课题。本书主要深入剖析了网箱养殖生态系统的物质循环，从环境保护角度做了一些工作，但仍存在一些没有解决的细节问题，在未来需要继续开展深入研究，以期为基于生态系统水平的海水养殖业健康发展提供科学的支持。

　　1)关于累积在海底的大量有机物在生物扰动及底动力条件下的再悬浮过程。再悬浮过程中营养盐的释放量，在本书的预测中也进行了一些假设，在一定程度上限制了模型对该过程描述的精度。关于对于营养盐在不同海区的释放情况的详细了解，还需辅以较为精密、敏感的仪器以及长时间序列的现场观测。

　　2)在利用粒子追踪模型对养殖产生的颗粒物进行追踪时，没有将粒子沉到海底之后的再悬浮过程加以进一步的模拟和分析。海水—沉积物界面间各个环境变量(如沉积物耗氧，营养盐释放)之间的相互关系比较复杂，而沉积环境对养殖生态系统及水环境的影响比较大，因此，对底部沉积物环境的研究还需要深入。

　　3)养殖环境容量模型是养殖生产管理的重要依据，如果能够将模型进行再次开发，将其发展成一种界面友好、操作简单的管理软件,使政府部门的管理者和养殖业主即使不懂数值模型,也能在进行培训后,用于生产的监督和管理,将更加具有现实意义和实际应用价值。

地球上的所有生物都离不开赖以生存的环境,并且其行为活动在不断地改变并影响着其生存环境。海水养殖也一样,海水养殖产业在历经了相当蓬勃发展的同时,已经并继续影响着近岸及深海海域生态环境。全国渔业"十一五"规划提出"渔业发展要实现'规模扩张型到质量效益型'的第二次增长方式转变",而可持续水产养殖业的发展模式必须是基于生态系统水平的海水养殖,其管理应该纳入海岸带综合管理的框架内。

深入剖析海水养殖生态系统的内部循环,掌握其与周围海洋生态环境的相互作用关系,了解其养殖环境容量,已成为健康可持续水产养殖研究领域的前沿热点问题。

参考文献

蔡惠文.2004.象山港养殖环境容量研究[D].青岛：中国海洋大学.

蔡惠文,卓丽飞,吴常文.2014.海水养殖污染负荷评估研究[J].浙江海洋学院学报,33(6)：558－567.

蔡惠文,任永华,孙英兰,等.2009.海水养殖环境容量研究进展[J].海洋通报,28(2)：109－115.

蔡惠文,孙英兰,张学庆.2006.象山港网箱养殖对海域环境的影响及其养殖环境容量研究[J].环境污染治理技术与设备,7(11)：71－76.

蔡惠文,崔鹏辉,蔡霞,等.2017.一种钓鱼鱼礁[P].中国,CN107801671A.

蔡景华.2003.香港海水养殖环境管理[D].香港：香港大学.

蔡立胜,方建光,董双林.2004.桑沟湾养殖海区沉积物—海水界面氮、磷营养盐的通量[J].海洋水产研究,25(4)：57－64.

曹祖德,王运洪.1994.水动力泥沙数值模拟[M].天津:天津大学出版社.

曹立业.1996.水产养殖中的氮磷污染[J].水产学杂志,9(1)：76－77.

程波.1993.养殖环境中的生态因子[M].北京:海洋出版社.

陈飞星,张增杰.2002.稻田养蟹模式的生态经济分析[J].应用生态学报,13(3)：323－326.

陈洪涛,刘素美,陈淑珠,等.2003.渤海莱州湾沉积物—海水界面磷酸盐的交换通量[J].环境化学,22(2)：10－114.

陈静生,王飞越.1992.关于水体沉积物质量基准问题[J].环境化学,11(3).

陈世杰.2000.水产养殖环境容量新义及动态管理[J].福建水产,1：75－79.

陈祖峰,郑爱榕.2004.海水养殖自身污染及污染负荷估算[J].厦门大学学报,43(增刊)258－262.

褚君达,徐惠慈.河 1994.流底泥冲刷沉降对水质影响的研究[J].水利学报,11：42－47.

崔毅,陈碧娟,陈聚法,黄渤海.2005.海水养殖自身污染的评估[J].应用生态学报,16(1)：180－185.

单红云,王振丽.2003.关于水产养殖容量的思考[J].中国水产,6：23－24.

戴海军.2002.梭子蟹养殖技术之三：虾塘内缢蛏与梭子蟹混养技术[J].中国水产,(5)：60—60.

董双林.2000.论我国海水养殖业的可持续发展—养殖环境问题[C].第二届全国海珍品养殖研讨会论文集.

董双林,李德尚,潘克厚.1998.论海水养殖的养殖容量[J].青岛海洋大学学报,28(2):253—258.

董双林,潘克厚.2000.海水养殖对沿岸生态环境影响的研究进展[J].青岛海洋大学学报,30(4):575—582.

窦国仁.1999.再论泥沙起动流速[J].泥沙研究,6：1—9.

范成新,张路,秦伯强,等.2003.风浪作用下太湖悬浮态颗粒物中磷的动态释放估算[J].中国科学(D辑),33(8)：760—768.

范成新,张路,杨龙元,等.2002.湖泊沉积物氮磷内源负荷模拟[J].海洋与湖沼,33(4).

方建光,匡世焕,孙慧玲,等.1996.桑沟湾栉孔扇贝养殖容量的研究[J].海洋水产研究,17(02)：370—378.

方建光,孙慧玲,匡世焕,等.1996.桑沟湾海带养殖容量的研究[J].海洋水产研究,17(02)：18—31.

郭恩彦,郭忠宝,罗永巨,等.2011.鱼池塘套养南美白对虾生态养殖试验[J].水产科技情报,38(2)：83—85.

高抒.2005.美国《洋陆边缘科学计划2004》述评[J].海洋地质与第四纪地质,25(1)：119—123.

韩家波,木云雷,王丽梅.1999.海水养殖与近海水域污染研究进展[J].水产科学,18(4)：40—43.

何贤超.2016.稻田养虾模式研究[J].现代农业科技,36(16)：220—221.

何悦强,郑庆华,温伟英等.1996.大亚湾海水网箱养殖与海洋环境相互影响研究[J].热带海洋,15(2).

黄国勤.2009.稻田养鱼的价值与效益[J].耕作与栽培,(4)：49—51.

黄洪辉.2003.海水鱼类网箱养殖场有机污染季节动态与养殖容量限制关系[J].集美大学学报(自然科学版),8(2)101—105.

黄区岛史志办公室承编.2004.胶南年鉴[M].香港：香江出版有限公司出版.

胡海燕.2002.大型海藻和滤食性贝类在鱼类养殖系统中的生态效应[D].广州：中国科学院海洋研究所.

黄小平,温伟英.1998.上川岛公湾海域环境对其网箱养殖容量的限制的研究[J].热带海洋,17(4):57—64.

韩晓磊,韩曜平,徐建荣等.2015.基于网箱的蓝鳃太阳鱼—鲴鱼—水雍菜立体养殖方法[P].CN105123588A.

黄钥,吴群河.2003年增刊.水体沉积物质量基准问题的研究和进展[J].环境技术,24—27.

计心丽,林小涛,许忠能.2000.海水养殖自身污染机制及其对环境的影响[J].海洋环境科学,19(4):66－71.

贾后磊,温琰茂,谢健.2005.哑铃湾网箱养殖自身污染状况[J].海洋环境科学,24(2):5－8.

贾晓平,林钦,李纯厚.2004.南海渔业生态环境与生物资源的污染效应研究[M].北京:海洋出版社.

江文胜,孙文心.2000.渤海悬浮颗粒物的三维输运模式Ⅰ.模式[J].海洋与湖沼,31(6):682－688.

江文胜,孙文心.2001.渤海悬浮颗粒物三维输运模式的研究Ⅱ.模拟结果[J].海洋与湖沼,32(1):94－100.

姜世中.1998.网箱养鱼对简阳三岔湖水库总磷浓度和溶解氧影响的模型研究[J].环境科学进展,6(3):37－42.

李纯厚,黄洪辉,林钦等.2004.海水对虾池塘养殖污染物环境负荷量的研究[J].农业环境科学学报,23(3):545－550.

李德尚,董双林.2002.对虾与鱼、贝类封闭式综合养殖的实验研究[J].海洋与湖沼,33(1):90－96.

李德尚,李祺,等.1994.水库对投饵网箱养鱼的负荷力[J].生物学报,18(3):223－229.

李德尚,熊邦喜,李琪,等.1994.水库对投饵网箱养鱼的负荷力[J].水生生物学报,18(3).

李松青.2003.南美白对虾的氮磷收支及养殖环境氮磷负荷的研究[D].广州:暨南大学.

李一平,逢勇,吕俊,等.2004.水动力条件下底泥中氮磷释放通量[J].湖泊科学,16(4):318－324.

李占东,林钦,黄洪辉.2006.大鹏澳网箱养殖海域磷酸盐在沉积物—海水界面交换速率的研究[J].南方水产,2(6):25－30.

林德芳,黄文强,关长涛.2002.我国海水网箱养殖的现状、存在问题及今后课题[J].齐鲁渔业,19(1):21－24.

刘家寿,崔奕波,刘健康.1997.网箱养鱼对环境影响的研究进展[J].水生生物学报,21(2):174－184.

刘剑昭.2000.对虾池封闭式综合养殖的容量和效果[D].青岛:青岛海洋大学.

刘剑昭,李德尚,董双林.2000.养虾池半精养封闭式综合养殖的养殖容量实验研究[J].海洋科学,24(7):6－10.

刘素美,张经.1999.沉积物中分子扩散系数的几种测定方法[J].海洋科学,4:32－34.

刘素美,江文胜,张经.2005.用成岩模型计算沉积物—水界面营养盐的交换通量—以渤海为例[J].中国海洋大学学报,35(1):145－151.

刘素美,张经,于志刚,等.1999.渤海莱州湾沉积物—水界面溶解无机氮的扩散通量[J].环境科学,20(2):12－16.

李卓佳,虞为,朱长波,等.2012.对虾单养和对虾—罗非鱼混养试验围隔氮磷收支的研究[J].安全与环境学报,(4):50－55.

毛玉泽.2004.桑沟湾滤食性贝类养殖对环境的影响及其生态调控[D].青岛：中国海洋大学.

宁修仁,胡锡刚.2002.象山港养殖生态和网箱养鱼的养殖容量研究与评价[M].北京：海洋出版社.

宁修仁.2005.乐清湾、三门湾养殖生态和养殖容量研究与评价[M].北京：海洋出版社.

欧宗东.2005.南美白对虾与罗非鱼混养模式的研究[J].渔业现代化,(3)：25-26.

彭建华.2001.网箱养鳜对环境的影响及水体承载力研究[D].北京：中国农业大学.

裴秀艳,白连英,王继芬.2015.对虾与贝类混养试验[J].河北渔业,(2)：35-36.

彭永安.2004.养殖水域生态环境为何恶化严重[J].内陆水产,29(12)：26.

蒲迅赤,李克锋.1999.紊动对水体中有机物降解影响的实验[J].中国环境科学,19(6)：485-489.

青岛市海洋功能区划编写组.2004.青岛市海洋功能区划报告[R].青岛：青岛市海洋与渔业局.

青岛市海洋环境保护规划编制组.2006.青岛市海洋环境保护规划报告[R].青岛：青岛市海洋与渔业局.

戚晓红,刘素美,张经.2006.东、黄海沉积物—水界面营养盐交换速率的研究[J].海洋科学,30(3):9－15.

齐振雄,李德尚,张曼平,等.1998.对虾养殖池塘氮磷收支的实验研究[J].水产学报,22(2):124－128.

秦伯强,范成新.2002.大型浅水湖泊内源营养盐释放的概念性模式探讨[J].中国环境科学,22(2):150－153.

秦伯强,胡维平,高光,等.2003.太湖沉积物悬浮的动力机制及内源释放的概念性模式[J].科学通报,48(17):1822－1831.

石峰,王修林,石晓勇,等.2004.东海沉积物－海水界面营养盐交换通量的初步研究[J].海洋环境科学,23(1):5－8.

舒廷飞.2003.近海水产养殖对水环境的影响及其可持续养殖研究－以哑铃湾网箱养殖研究为例[D].广州:中山大学.

舒廷飞,温琰茂,贾后磊,等.2004.哑铃湾网箱养殖水环境的影响[J].环境科学学报,25(5):97－101.

舒廷飞,温琰茂,陆雍森,等.2004.网箱养殖氮磷物质平衡研究－以广东省哑铃湾网箱养殖研究为例[J].环境科学学报,24(6):1046－1052.

舒廷飞,温琰茂,周劲风,等.2005.哑铃湾网箱养殖环境容量研究－Ⅰ.网箱养殖污染负荷分析计算[J].海洋环境科学,24(1):21－23.

舒廷飞,温琰茂,周劲风,等.2005.哑铃湾网箱养殖环境容量研究－Ⅱ.网箱养殖环境容量计算[J].海洋环境科学,24(2):20－22.

宋金明.1997.中国近海沉积物－海水界面化学[M].北京：海洋出版社.

宋长太.2005.池塘主养草鱼、套养鳙鱼生态养殖模式[J].饲料研究,(12)：54－55.

苏跃朋.2006.中国明对虾精养池塘生态系统及动力学模型的研究[D].青岛：中国海洋大学.

孙耀.1996.池塘养殖环境中底质－水界面营养盐扩散通量的现场测定[J].生态学报,16(6)：664－666.

孙英兰,张越美.2001.胶州湾三维变动边界的潮流数值模拟[J].海洋与湖沼,32(4)：355－362.

申玉春,熊邦喜,王辉,等.2007.虾－鱼－贝－藻养殖结构优化试验研究[J].水生生物学报,31(1)：30－38.

宋宗岩,王世党,周维武,等.2005.海参养殖技术——刺参虾池生态养殖技术[J].中国水产,(6)：57－58.

唐启升.1996.关于容纳量及其研究[J].海洋水产研究,17(2)：1－6.

田相利,李德尚,董双林,等.2001.对虾—罗非鱼—缢蛏封闭式综合养殖的水质研究[J].应用生态学报,12(2)：287－292.

王会芳,李小进,于守鹏.2017.辽宁丹东多品种立体生态养殖模式介绍[J].中国水产,(12)：52－56.

王吉桥,李德尚,董双林,等.2001.鲈—中国对虾—罗非鱼混养的实验研究[J].中国水产科学,7(4):37－41.

王菊英.2004.海洋沉积物的环境质量评价研究[D].青岛:中国海洋大学.

王学勃,迟晓,黄佳祺.2007.海水混养技术之二 海水池塘虾、鱼、贝、蟹综合生态立体混养技术[J].中国水产,(6):48－49.

汪亚平,高杪,贾建军.2000.海底边界层水流结构及底移质搬运研究进展[J].海洋地质与第四纪地质,20(3):101－106.

万宁市英豪半岛4000亩集约式对虾养殖项目海水水质影响专题报告[R].青岛:青岛海洋大学环保中心,1999.

韦献革,温琰茂,陈璇,等.2005.哑铃湾网箱养殖海区表层沉积物磷的含量特征[J].水产科学,24(8):4－7.

韦献革,温琰茂,王文强,等.2005.哑铃湾网箱养殖对底层水环境的影响研究[J].农业环境科学学报,24(2):274－278.

魏皓,赵亮,刘广山,等.2006.浅海底边界动力过程与物质交换研究[J].地球科学进展,21(11):1180－1184.

吴增茂,张新玲,刘素美,等.2002.陆架浅海沉积物—海水界面溶质通量的计算方法及其应用[J].海洋环境科学,21(3):23－28.

吴增茂,俞光耀,娄安刚.1996.浅海环境物理学与生物学过程相互作用研究[J].青岛海洋大学学报,26(2):165－171.

武晋宣.2005.桑沟湾养殖海域氮磷收支及环境容量模型[D].青岛:中国海洋大学.

徐永健,钱鲁闽.2004.海水网箱养殖对环境的影响[N].应用生态学报,15(3):532—536.

闫菊.2003.胶州湾海域海岸带综合管理研究[D].青岛:中国海洋大学.

杨红生.1999.浅海筏式养殖系统贝类养殖容量研究进展[J].水产学报,23(1):84—90.

杨红生.2000.清洁生产:海水养殖业亟待发展的新思路[C].海洋高新技术产业高级论坛论文集.

杨红生,李德尚,董双林,等.2000.海水池塘混合施肥养殖台湾红罗非鱼的鱼产力和负荷力[J].海洋与湖沼,31(2):117—122.

杨逸萍,王增焕,孙建,等.1999.精养虾池主要水化学因子变化规律和氮的收支[J].海洋科学,(1):15—17.

袁蔚文,等.1993.21种水产饲料营养成分分析[J].南海水产研究,(6):43—51.

袁媛,袁永明,贺艳辉,等.2013.罗非鱼不同池塘养殖模式生产成本及经济效益分析[J].江苏农业科学,41(8):217—219.

杨越峰,吴秀芹,王宁,等.2006.南美白对虾与罗非鱼混养试验[J].河北渔业,(4):40—41.

朱建勇.2015.我国生态养殖的发展现状存在问题与对策[J].农业与技术,(4):175—176.

赵清,张珞平.2004.海水养殖自身污染的定量化研究[J].海洋环境科学,23(3)：77－80.

郑确.2017.草食性鱼类节粮养殖技术[J].科技视界,(14)：180－180.

战文斌,周丽,俞开康.2000.我国海水养殖病害现状、流行态势及今后对策[C].全国海珍品养殖研讨会.

张学雷,朱明远,汤庭耀,等.2004.桑沟湾和胶州湾夏季的沉积物—水界面营养盐通量研究[J].海洋环境科学,23(1)：1－4.

张学庆,孙英兰.2005.海洋疏浚 Mont Carlo 数值计算[J].海洋环境科学,24(4)：55－58.

张学庆,孙英兰.2005.胶南近岸海域三维潮流数值模拟[J].中国海洋大学学报,35(4)：579－582.

张玉珍,洪华生,陈能汪,等.2003.水产养殖氮磷污染负荷估算初探[J].厦门大学学报,42(2)：223－227.

张越美.1999.超浅海区潮流三维数值模拟的研究[D].青岛：青岛海洋大学.

中华人民共和国农业部编,2006.全国渔业发展第十一个五年规划(2006～2010 年)[R].国家环保总局.

中华人民共和国农业部,2003.2002 年度中国渔业生态环境状况公报[J].国家环保总局.

周孝德,黄廷林.1994.河流底流中重金属释放的水流紊动效应[J].水利学报,11：22－25.

竹内俊郎.1997.网箱养殖氮磷负荷估算[J].国外渔业,(3):24-26.

中国海湾志编纂委员会主编.1993.中国海湾志第四分册[M].北京:海洋出版社.

邹仁林.1996.大亚湾海洋生物资源的持续利用[M].北京:科学出版社.

朱建荣.2003.海洋数值计算方法和数值模式[M].北京:海洋出版社.

Ackefors H. and Enell M. 1990.Discharge of nutrients from Swedish fish farming to adjacent sea areas[J].Ambio,19(1):28-35.

Andre L.Mallet. and Claire E.2006.Carver Thomas Landry. Impact of suspended and off-bottom Eastern oyster culture on benthic environment in eastern Canada[J].Aquaculture,255:362-373.

Belias, C. V. Bikas V.G. Dassenakis,M.J. 2003.Environemtal impacts of coastal aquaculture in eastern Mediterranean bays:the case of Astakos Gulf[J].Environ Sci Pollut Res,10(5):287-95.

Beveridge,MCM. 1984.Cage and pen fish farming:carrying capacity models and environmental impact. FAO. Fish Tech[J]. Pap,255:131.

Beveridge,MCM. 1984.Cage and pen fish farming. Carrying capacity models and environmental impact. FAO Fish .Tech[J]. Pap 255,131,Rome.

Blake, A. GC Kineke TG Milligan and CR Alexander. 2001. Sediment trapping and transport in the ACE basin[J]. South Carolina Estuaries, 24：721－733.

Blumberg AF, M. G. (1987). A description of a three－dimensionalcoastal ocean circulation model. In：Three－dimensional Coastal Ocean Models. Heaps N. S. ed[J]. American Geophys Union, Washington,D.C：1－16.

Burchard H,Bolding K, Rippeth T P, 2002.Microstructure of turbulence in the northern North Sea：A comparative study of observations and model simulations [J]. Journal of Sea Research,47：223－238.

Carrick H J. Aldridge F J. et al. 1993.Wind influences phytoplankton biomass and composition in a shallow, productive lake[J]. Limnology and Oceanography, 38：1179－1192.

Canfield D E Jr. and Hoyer M V. 1988.The eutrophication of Lake Okeechobee[J]. Lake and Reservoir Management, 4：91－99.

Cai Huiwen, Sun yinglan. 2007，Management of marine cage aquaculture － an environmental carrying capacity method based on dry feed conversion rate[J]. Environmental Science and Pollution Research, 14(7): 463—469.

Chen, Y. Beveridge, M. C. M. Telfer, T. 1999. Physical characteristics of commercial pelleted Atlantic salmon feeds and consideration of implications for modeling of waste dispersion through sedimentation[J]. Aquaculture Internationa, 17: 89—100.

Chen, Y. Beveridge, M.C.M. Telfer, T. 1999.Settling rate characteristics and nutrient content of the faeces of Atlantic salmon, Salmo salar L. and the implications for modelling of solid waste dispersion[J]. Aquaculture Research, 30: 395—398.

Choi K.W. 2002.Environmental management of marine fish culture in Hong Kong[D]. Ph. D. thesis. The University of Hong Kong.

Chopin T, Buschmann A H, Halling C, et al. 2001. INTEGRATING SEAWEEDS INTO MARINE AQUACULTURE SYSTEMS: A KEY TOWARD SUSTAINABILITY[J]. Journal of Phycology,37(6): 975—986.

Cromey, C. Nickell, T. Black, K.2002.DEPOMOD—modelling the deposition and the biological effects of wastes solids from marine cage farms[J]. Aquaculture, 214 (1—4): 211—239.

Cromey C.J, Nickell T D, et al. 2002.Validation of a fish

farm waste resuspension model by use of a particulate tracer discharged from a point source in a coastal environment[J]. Estuaries, 25(5): 916—929.

Das B. 2004. Environmental impact of aquaculture — sedimentation and nutrient loadings from shrimp culture of the southeast coastal region of the Bay of Bengal[J]. Journal of Environmental Science, 16(3): 466—470.

Dudley, R. Panchang, V. Newell, C. 2000. Application of a comprehensive modeling strategy for the management of net — pen aquaculture waste transport[J]. Aquaculture,187: 319—349.

Duarte. P. Meneses. R. et al. 2003. Mathematical modeling to assess the carrying capacity for multi—species culture within coastal waters[J]. Ecological Modelling, 168: 109—143.

Doglioli. A.M. Magaldi. M.G. et al. 2004. Development of a numerical model to study the dispersion of wastes coming from a marine fish farm in the Ligurian Sea (Western Mediterranean) [J]. Aquaculture, 231: 215—235.

Enell, M. 1983. Loef, Environmental impact of aquaculture: sediment and nutrient loadings from fish cage culture farming[J]. Journal of Vatten Water, 39(4): 364—375.

Enell, M. 1995. Environmental impact of nutrient from

Nordic fish farming[J]. Wat.Sci.Tech，31(10)：61—71.

Enell，M，S. L. 1988. Phosphorus in interstitial water：
methods and dynamics[J]. Hydrobiologia，170，1：103—132.

Foy，R. H. and R. Rosell. 1991.Loadings of nitrogen and
phosphorus from a Northern Ireland fish farm[J]. Aquaculture，
96：17—30.

Frid. C.L.J. and T.S.Mercer. 1989.Environmental monitoring of
caged fish farming in Macrotidal environments[J]. Marine Pollution
Bulletin，20(8)：379—383.

Gillibrand，P. A. Turrell，W.R. 1997.Simulating the dis-
persion and settling of particulate material and associated sub-
stances from salmon farms. Aberdeen Marine Laboratory[R].
Aberdeen，united kingdom.

Gowen，R. J. and Bradbury N. B. 1987.The ecological impact of
salmonid farming in coastal waters：a review.oceanogr[J].mar.biol.
Annu.Rev 25：563—575.

Guo L. and Li Z. 2003.Effects of nitrogen and phosphorus from
fish cage—culture on the communities of a shallow lake in middle
Yangtze River basin of china[J]. Aquaculture，33：201—212.

Gross A. Boyd CE. 2000. Nitrogen transformations and
balance in channel catfish ponds[J].Aquaculture Engineering，

24:1—14.

Hakanson L. 1988.Basic concepts concerning assessments of environmental effects of marine fish farms[J]. Copenhagen: Nordic Council of Ministers.

Hargrave B. T. 2003.Far — field environmental effects of marine finfish aquaculture. A scientific review of the potential environmental effects of aquaculture in aquatic ecosystems[J]. Volume1:3—11.

Hall Per O.J. 1992.and Holby Ola. Chemical fluxes and mass balances in a marine fish cage farm. Ⅳ.Nitrogen[J].Mar Ecol Prog Ser 89:81—91.

Henderson, A. Gamito, S. Karakassis, I. 2001. Use of hudrodynamic and benthic models for managing environmental impacts of marine aquaculture[J]. Journal of Applied Ichthyology, 17(4):163—172.

Hisashi Yokoyama. 2000.Environemtnal quality criteria for fish farms in Japan[J]. Aquaculture,226:45—56.

Hisashi Yokoyama. 2004.Misa Inoue. et al. Estimation of the assimilative capacity of fish—farm environments based on the current velocity measured by plaster balls[J]. Aquaculture, 240:233—247.

Holby Ola. Hall Per O.J. 1991. Chemical fluxes and mass balances in a marine fish cage farm Ⅱ. Phosphorus[J]. Mar Ecol Prog Ser, 70: 263—272.

Hua. K.and Bureau. D.P. 2006.Modelling digestible phosphoruscontent of salmonid fish feeds[J]. Aquaculture, 254: 455—465.

Huiwen Cai, Lindsay G. Ross, Trevor C. Telfer, Changwen Wu, Aiyi Zhu, Sheng Zhao, Meiying Xu. 2016.Modelling the nitrogen loadings from large yellow croaker (Larimichthys crocea) cage aquaculture. Environmental science and pollution research[J].Environmental Science and Pollution Research, 23(8), 7529—7542.

Huiwen Cai, Jing Yu, Yinglan Sun, Yuemei zhang, Xueqing Zhang ,Yan Zhang.2010. Modeling the distribution and origin of pollutant in North Zhejiang Coastal areas[R]. Proceedings of the Twentieth International Offshore and Polar Engineering Conference: 963—967.

Huiwen Cai, Sheng Zhao, Changwen Wu, Aiyi Zhu ,Jing Yu, Xueqing Zhang. 2010. Environmental pollution and marine aquaculture ecosystem health assessment[R]. The 4th International Conference on Bioinformatics and Biomedical Engineering, iCBBE.

Ioanna Kalantzi. Ioannis Karakassis. 2006.Benthic impacts of fish farming : Meta—analysis of community and geochemical data[J]. Marine Pollution Bulletin,52: 484－493.

Islam. M. S and Jahangir Sarker M. 2004. Water and sediment quality, partial mass budget and effluent N loading in coastal brackishwater shrimp farms in Bangladesh[J]. Marine Pollution Bulletin 48: 471－485.

Islam. M. S. 2005. Nitrogen and phosphorus budget in coastal and marine cage aquaculture and impacts of effluent loading on ecosystem: review and analysis towards model development[J]. Marine Pollution Bulletin, 50: 48－61.

Islam. M. S. Masaru Tanaka. 2004. Impacts of pollution on coastal and marine ecosystems including coastal and marine fisheries and approach for management: a review and synthesis[J]. Marine Pollution Bulletin 48: 624－649.

James RT, M. k.1997. Wool T. A sediment resuspension and water quality model of Lake Okeechobee[J]. Journal of the Amercan Water Resources Association,33(3): 661－678.

Jan Aure. Anders Stigebrandt.1990.Quantitative estimates of the eutrophication effects of fish farming on fjords[J]. Aquaculture,90: 135－156.

Jagoa CF,Jones SE et al.2002.Resuspension of benthic fluff by tidal currents in deep stratified waters,North Sea[J]. Journal of Sea Research, 47: 259—269.

Jens Christian Riise.1997.Nanna Roos. Benthic metabolism and the effects of bioturbation in a fertilized polyculture fish pond in northeast Thailand[J]. Aquaculture,150: 45—62.

Jing, L. harry V.Wang,Jeong—Hwan Oh.2002.A new approach to model sediment resuspension in tidal estuaries[J]. Journal of coastal research.

Jiang WS, Thomas P, Jun S. 2004. SPM transport in the Bohai Sea: field experiments and numerical modeling[J].Journal of Marine Systems,(44): 175—188.

Jonge,D et al.1987.Experiments on the resuspension of estuarine sediments containing benthic diatoms[J]. Estuarine, Coastal and Shelf Science,(24): 725—740.

Johnsen, R. I. Grahl—Nielsen O. B.T.1993.Lunestad Environmental distribution of organic waste from a marine fish farm[J]. Aquaculture,118: 229—244.

Kapsar. Hall. et al.1988.Effects of sea cage salmon farming on sediment nitrification and dissimilatory nitrate reductions[J]. Aquaculture,70(4): 333—344.

Kate J. Malloy. David Wade.2006.Anthony Janicki,et al, Development of a benthic index to assess sediment quality in the Tampa Bay Estuary[J]. Marine Pollution Bulletin.

Ketola G. H. 1982. Effects of phosphorus in trout diets on water pollution[J]. Salmonid,6(2): 12—15.

Lefebvre, S. Bacher, C. Meuret, A. and Hussenot, J.2001. Modeling approach of nitrogen and phosphorus exchanges at the sediment—water interface of an intensive fishpond system[J]. Aquaculture,195: 279—297.

Lee JY, Tett P, et al. 2002. The PROWQM physical biological model with benthic pelagic coupling applied to the northern North Sea[J]. Journal of Sea Research,48: 287—233.

Lee. J.H.W. Choi. K.W. et al.2003.Environmental management of marine fish culture in Hong Kong[J]. Marine Pollution Bulletin,(47): 202—210.

Lumb C.M.1989.Self—pollution by Scottish salmon farms[J]. Marine Pollution Bulletin, 20: 375—379.

Matisoff, G. and Xiaosong Wang.1998.Solute transport in sediments by freshwater infaunal bioirrigators [J]. Limnology and Oceangraphy,43: 1487—1499.

Mehdi Shakouri. 2003. Impact of cage culture on sediment chemistry: a case study in Mjoifjordur. The United Nation University[J].Fisheries Training Programme.

Mc Candliss PR, Jones SE, et al.2002.Dynamics of suspended particles in coastalwaters during a spring bloom[J]. Journal of Sea

Research, 47: 285—302.

Páez—Osuna F. Guerrero—Galván S R. et al. 1998.The environmental impact of shrimp aquaculture and the coastal pollution in Mexico[J].Marine Pollution Bulletin, 36: 65—75.

Panchang, V. Cheng, G.and Newell, C. 1997.Modeling hydrodynamics and aquaculture waste transport in coastal Maine[J].Estuaries, 20(1): 14—41.

Paul, R. and Teresa Fernandes.2003.Management of environmental impacts of marine aquaculture in Europe[J]. Aquaculture, 226: 139—163.

Robarts,D.R. W.M.J. Hadas Ora.1998.Relaxation of phosphorus limitation due to typhoon—induced mixing in two morphologically distinct basins of Lake Biwa[J].Japan,Limnology and Oceanography,43(6): 1023—1036.

Robert H.Findlay. Les Watling.1997.Prediction of benthic impact for salmon net—pens based on the balance of benthic oxygen supply and demand[J].Marine Ecology Progress Series, 155: 147—157.

Sebastien Lefebvre. Cedric Bacher. et al.2001.Modeling approach of nitrogen and phosphorus exchange at the sediment—water interface of an intensive fishpond system[J]. Aqaculture, 195: 279—297.

Serap Pulatsu. 2003. The application of a phosphorus budget model estimating the carrying capacity of Kesikkopru Dam Lake[J]. Turk.J.Vet.Anim.Sci,27: 1127—1130.

Seymour. E.A. and Bergheim. A.1991.Towards a reduction of pollution from entensive aquaculture with reference to the farming of salmonids in Norway[J].Aquacultural Engineering, 10: 73—88.

Shona H. Magill. Helmut Thetmeyer. et al. 2006. Settling velocity of faecal pellets of gilthead sea bream and sea bass and sensitivity analysis using measured data in a deposition model[J].Aquaculture,251: 295—305.

Sondergaard, M. Peter Kristensen and Erik jeppesen.1992. Phosphorus release from resuspended sediment in the shallow and wind—exposed Lake Arresø, Denmark[J].Hydrobiologia, 228(1): 91—99.

Teichert DR,Martinez D.Ramirez E.2000.Partial nutrient budgets for semi—intensive shrimp farms in Honduras[J].Aquaculture,190: 139—154.

Beaulieu Stace E.2003.Resuspension of phytodetritus from the sea floor.A laboratory flume study[J].Limnology and Oceanography,48(3): 1235—1244.

Tacon , A.G.J. Phillips,M.J. Barg,U.C.2003.Aquafeeds and the environment; policy implications[J].Aquaculture,226; 181—189.

Trevor Telfor. and Karen Robinson.2003.Environmental quality and carrying capacity for aquaculture in Mulroy Bay Co[J].Donegal, Environmental Services.

William. A.Wurts.2000.Sustainable aquaculture in the twenty—first century[J].Reviews in fisheries Science, 8(2); 141—150.

Wu, RSS. 1995. The environmental impact of marine fish culture; Towards a sustainable future[J].Marine Pollution Bulletin, 31; 159—166.

Wu,RSS. K.S. Lam. et al. 1994.Impact of marine fish farming on water quality and bottom sediment; A case study in the sub—tropical environment[J].Marine Environment Research, 38; 115—145.

Wu,RSS. P. K. S. Shin. et al. 1999. Management of marine fish farming in the sub—tropical environment; a modelling approach[J]. Aquaculture, 174; 279—298.

索　引